高等职业教育计算机类系列教材

网页制作案例教程(HTML5+CSS3)

主　编　王淑敏

副主编　郭长庚　徐书欣　田　萍　李娅铮

主　审　王永乐

西安电子科技大学出版社

内 容 简 介

　　本书依据"Web 前端开发"1＋X 认证标准编写，并融入了思政元素。本书主要内容包括网页制作入门，添加页面内容，CSS 基础，设置文本字体样式，盒子模型，元素的浮动和定位，多媒体元素，表单的应用，CSS 高级选择器，CSS3 的过渡、变形和动画效果以及综合实例等。

　　本书操作步骤详细，资源丰富，提供了微课视频、课件、源代码等。本书既可作为中高职院校的教材，也适合零基础的读者学习。

图书在版编目(CIP)数据

网页制作案例教程：HTML5+CSS3 / 王淑敏主编. --西安：西安电子科技大学出版社，2024.2
ISBN 978－7－5606－7169－7

Ⅰ.①网…　　Ⅱ.①王…　　Ⅲ.①网页制作工具—教材　　Ⅳ.①TP393.092.2

中国国家版本馆 CIP 数据核字(2024)第 008247 号

策　　划　高　樱
责任编辑　高　樱
出版发行　西安电子科技大学出版社(西安市太白南路 2 号)
电　　话　(029)88202421　88201467　　　邮　编　710071
网　　址　www.xduph.com　　　　　　　电子邮箱　xdupfxb001@163.com
经　　销　新华书店
印刷单位　广东虎彩云印刷有限公司
版　　次　2024 年 2 月第 1 版　　2024 年 2 月第 1 次印刷
开　　本　787 毫米×1092 毫米　　　1/16　印张　14.5
字　　数　339 千字
定　　价　43.00 元
ISBN 978－7－5606－7169－7 / TP
XDUP 7471001-1

＊＊＊ 如有印装问题可调换 ＊＊＊

前　言

全书内容由 11 个项目组成，分别为网页制作入门，添加网页内容，CSS 基础，设置文本字体样式，盒子模型，元素的浮动和定位，多媒体元素，表单的应用，CSS 高级选择器，CSS3 的过渡、变形和动画效果，综合实例。每个项目中相关知识配有案例讲解，每个项目后设有单元测试与项目实践。

本书具有以下特色：

· 依据"Web 前端开发"1 + X 认证标准和近年来国家相关大赛选取内容，讲解了THML5 和 CSS3 新知识和技术。

· 内容结构清晰，步骤详细，以项目任务为载体，以任务实施的过程为主线，把工作情景和教学环境有机地结合起来。每项任务案例的选择都以实际工作需求为依据，将知识和技能融入任务实施的过程之中。

· 落实立德树人根本任务，书中案例经过精心挑选，在专业课中融入思政内容。课堂案例积极健康，丰富多彩。

· 资源丰富，包括教学大纲、教学设计、教学课件、配套素材、源文件、习题库和微课视频。教学资源颗粒化，在书中可以直接扫描二维码观看各部分视频讲解和演示内容。

本书作者均为从事教学和开发工作多年的教师和企业工程师，拥有丰富的教学经验和实践经验。本书的具体编写分工是：项目 2、4、6 由王淑敏编写，项目 3、5 由田萍编写，项目 7、9、11 由李娅铮编写，项目 1 由徐书欣编写，项目 10 由郭长庚编写，项目 8 由邓成立编写。本书由王淑敏任主编，王永乐主审。

由于编者水平有限，书中难免存在疏漏和不足之处，欢迎大家批评指正。

编　者

2023 年 11 月

前 言

目 录

项目 1　网页制作入门 1

1.1　Web 基本概念 1

1.1.1　网页和网站 1

1.1.2　浏览器 3

1.1.3　Web 标准 4

1.1.4　URL 地址 4

1.2　HTML 和 HTML5 5

1.2.1　HTML 5

1.2.2　HTML5 5

1.2.3　HTML5 优势 6

1.3　Web 前端开发工具 6

1.3.1　开发工具介绍 6

1.3.2　Visual Studio Code 工具 7

1.4　案例：制作简单的 HTML5 页面 11

1.4.1　任务描述 11

1.4.2　实施步骤 12

1.5　HTML5 页面基础 14

1.5.1　HTML5 基本文档结构 14

1.5.2　HTML 标记 15

1.5.3　属性 16

1.5.4　注释 17

项目小结 17

单元测试与项目实践 17

项目 2　添加网页内容 19

2.1　标题和段落标记 19

2.1.1　标题标记 19

2.1.2　段落标记 21

2.1.3　换行和水平线标记 21

2.2　文本格式化标记和特殊字符 23

2.2.1　文本格式化标记 23

2.2.2　特殊字符 25

2.3　图像标记 26

2.3.1　网页中常用的图像格式 26

2.3.2　图像标记和属性 26

2.3.3　图像地址 27

2.4　超链接标记 29

2.4.1　超链接标记和属性 29

2.4.2　超链接分类 30

2.5　列表标记 31

2.5.1　无序列表 32

2.5.2　有序列表 32

2.5.3　定义列表 33

2.5.4　列表嵌套 35

2.6　案例：制作诗词网页 36

2.6.1　任务描述 36

2.6.2　实施步骤 37

项目小结 40

单元测试与项目实践 40

项目 3　CSS 基础 42

3.1　CSS 简介 42

3.2　CSS 的核心基础 43

3.2.1　CSS 样式规则 43

3.2.2　CSS 引入方式 43

3.3　CSS 基础选择器 47

3.4　案例：制作"药王——孙思邈"网页 52

3.4.1　任务描述 52

3.4.2　实施步骤 52

3.5　CSS 的优先级、继承与层叠 54

3.5.1　CSS 的优先级 54

3.5.2　CSS 的继承性 58

3.5.3　CSS 的层叠 59

项目小结 59

单元测试与项目实践..........................60
项目4　设置文本字体样式..................61
4.1　设置字体样式属性......................61
4.2　设置文本外观属性......................66
4.3　CSS3 新增文本样式....................74
4.3.1　设置文字阴影和模糊效果........74
4.3.2　使用服务器字体................76
4.4　案例：制作"预防电信诈骗"网页......78
4.4.1　任务描述......................78
4.4.2　实施步骤......................79
4.5　设置超链接样式........................82
项目小结....................................84
单元测试与项目实践........................84
项目5　盒子模型............................86
5.1　认识盒子模型..........................86
5.2　盒子模型常用的属性....................88
5.2.1　border 属性..................89
5.2.2　margin 属性..................91
5.2.3　padding 属性.................92
5.2.4　背景属性......................93
5.3　行内元素、块元素和行内块元素........96
5.3.1　行内元素......................96
5.3.2　块元素........................96
5.3.3　行内块元素....................97
5.3.4　元素的转换....................97
5.4　CSS3 新增盒子样式....................98
5.4.1　圆角边框......................98
5.4.2　盒子阴影.....................100
5.4.3　渐变背景.....................101
5.5　案例：利用盒子模型制作
　　　"四有青年"网页...................103
5.5.1　任务描述.....................103
5.5.2　实施步骤.....................104
5.6　表格元素.............................106
5.7　HTML5 新增文档结构元素.............107
项目小结...................................109
单元测试与项目实践.......................110
项目6　元素的浮动和定位..................111
6.1　元素的浮动...........................111

6.1.1　设置浮动效果.................112
6.1.2　清除浮动.....................114
6.2　元素的定位...........................118
6.2.1　相对定位(relative)...........119
6.2.2　绝对定位(absolute)..........120
6.2.3　固定定位(fixed).............122
6.2.4　z-index 属性.................124
6.3　案例：制作环保网页..................124
6.3.1　任务描述.....................124
6.3.2　实施步骤.....................125
项目小结...................................132
单元测试与项目实践.......................132
项目7　多媒体元素..........................134
7.1　audio 标记...........................134
7.2　video 标记...........................136
7.3　source 标记..........................137
7.4　案例：制作"西北之旅"网页..........140
7.4.1　任务描述.....................140
7.4.2　实施步骤.....................141
项目小结...................................143
单元测试与项目实践.......................143
项目8　表单的应用..........................145
8.1　form 表单元素........................145
8.2　input 控件...........................146
8.3　select 控件..........................148
8.4　其他常用控件.........................149
8.4.1　label 控件...................149
8.4.2　多行文本控件.................151
8.4.3　button 控件..................151
8.5　HTML5 新增的表单控件和属性.........152
8.5.1　HTML5 新增控件..............152
8.5.2　HTML5 新增 input 类型.......154
8.5.3　HTML5 新增表单属性.........159
8.6　案例：制作"用户注册表"网页........165
8.6.1　任务描述.....................165
8.6.2　实施步骤.....................165
项目小结...................................170
单元测试与项目实践.......................170

项目 9　CSS 高级选择器..............................172

9.1　属性选择器............................172

9.2　关系选择器............................174

9.2.1　后代选择器....................174

9.2.2　子代选择器....................175

9.2.3　兄弟选择器....................176

9.3　伪类选择器............................177

9.4　伪对象选择器........................179

9.5　案例：制作"电视剧介绍"网页............180

9.5.1　任务描述........................180

9.5.2　实施步骤........................181

项目小结..184

单元测试与项目实践..........................185

项目 10　CSS3 过渡、变形和动画效果......186

10.1　CSS3 变形..........................186

10.1.1　设置变形....................186

10.1.2　更改变形原点..............189

10.2　CSS3 过渡..........................191

10.3　CSS3 动画..........................193

10.3.1　@keyframes 规则..........194

10.3.2　animation 属性..............194

10.4　案例：制作"河南文化旅游网"
首页介绍栏目............................197

10.4.1　任务描述......................197

10.4.2　实施步骤......................198

项目小结..203

单元测试与项目实践..........................204

项目 11　综合实例................................206

11.1　案例分析............................206

11.2　网页布局规划......................208

11.3　制作头部内容网页................209

11.4　制作内容栏目网页................212

11.4.1　制作 banner 图部分网页......212

11.4.2　制作主题内容"走进河南"网页......213

11.4.3　制作主题内容"河南美食"
部分网页........................217

11.5　制作底部内容网页................219

项目小结..222

参考文献..223

项目 1　网页制作入门

随着互联网的不断发展，前端开发岗位受到越来越多的关注，网页制作是前端开发的基础课程。本项目将通过"航天飞行任务"网页制作，介绍 VS Code 开发工具的安装和使用，并对 Web 基本概念、HTML5 的基本结构和语法进行详细讲解，最后根据学习内容，同学们制作"大赛获奖"网页。

1.1　Web 基本概念

Web 基本概念

1.1.1　网页和网站

1. 网页

网页是网站中的一个页面，是 Internet 用于展示信息的一种形式。网页主要由文本、图像和超链接等元素构成，如图 1-1 所示。

图 1-1 中展示的网页是浏览者通过浏览器看到的网页。网页开发者的工作就是通过编写一系列 HTML 标记、CSS 样式等代码设计出浏览者需要的效果。网页开发者关注的是图 1-2 所展示出的网页代码，学习网页制作的主要任务就是学习用各种标记和规则编写出需要的网页内容。

图 1-1　网页

```
<!DOCTYPE html>
<html lang="en" class="x-border-box x-strict">
···▼<head> == $0
    <style media="screen"></style>
    <meta charset="UTF-8">
    <meta http-equiv="X-UA-Compatible" content="IE=edge">
    <meta name="viewport" content="width=device-width, initial-scale=1.0">
    <title>编辑课程门户</title>
    <link rel="stylesheet" type="text/css" href="/course-ans/css/iframe.css?v=2021-0928-1715">
    <link rel="stylesheet" href="/course-ans/js/lib/layui-v2.5.4/css/layui.css">
    <link rel="stylesheet" href="/course-ans/css/iconmoon/style.css">
    <link rel="stylesheet" href="/course-ans/css/common.css">
    <link rel="stylesheet" href="/course-ans/css/pop.css">
    <link rel="stylesheet" href="/course-ans/js/lib/swiper/idangerous.swiper.css">
    <link rel="stylesheet" href="/course-ans/js/lib/swiper/idangerous.swiper.scrollbar.css">
```

图 1-2　开发者关注的网页代码

2. 网站

网站是内容相关的多个网页的集合。访问一个网站时首先进入的页面称作首页，由首页通过导航等超链接可以访问到网站的其他页面。例如，输入网址 https://gjcgj.xcitc.edu.cn/ 可以访问国家级教学成果申报专题网站首页，如图 1-3 所示。在首页中通过"总结报告""创新点""获奖情况"等导航就可以进入相应的网页，如图 1-4 所示。

图 1-3　成果网站首页

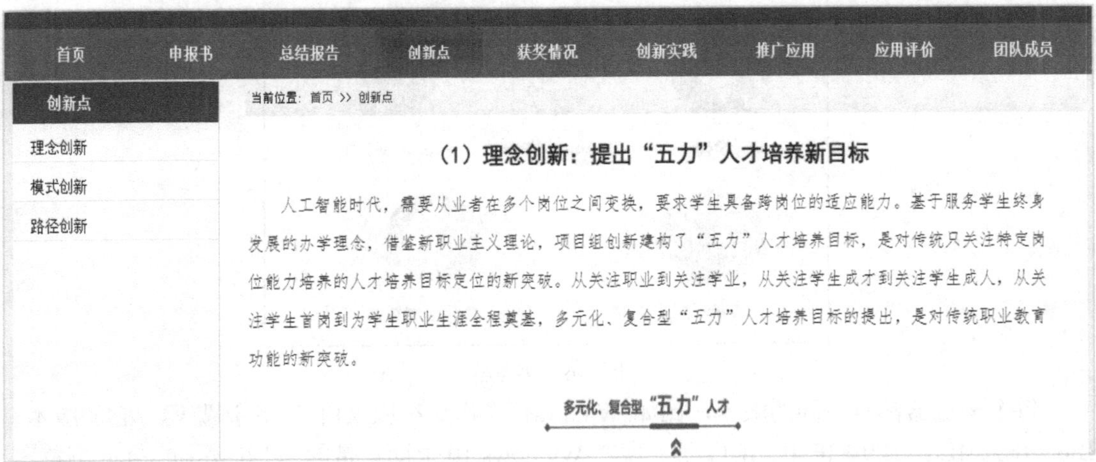

图 1-4　"创新点"页面

　　每个网站都有一个站点文件夹(又称站点根目录)，里面包含了内容相关的网页文件以及在网页中使用的图像文件、样式文件和脚本文件。为了分类管理，站点文件夹下可以有很多子文件夹，如图 1-5 所示。图像文件一般放在 images 或 img 文件夹中，样式文件放在 css 文件夹中，脚本文件放在 js 文件夹中。

图 1-5　站点根目录

1.1.2　浏览器

　　浏览器是用来检索、展示以及传递 Web 信息资源的应用程序，用户是通过浏览器来观看网页的。目前主流的浏览器有 IE、Chrome、Firefox、Safari、Opera 等几大类，如图 1-6 所示。

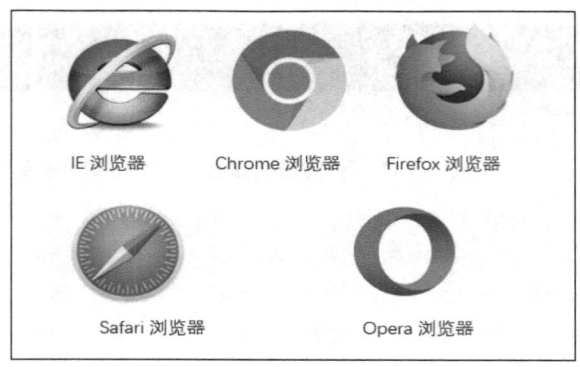

图 1-6 浏览器

每个浏览器都有不同的版本，比如 Windows 操作系统原来自带 IE 浏览器，它的版本有 IE6、IE7、IE8、IE9、IE10、IE11 等。现在 Windows 10 上面自带的是 Microsoft Edge 浏览器。

1.1.3 Web 标准

Web 标准是由 W3C 和其他标准化组织制定的一系列标准的集合，包含 HTML、XHTML、CSS、JavaScript 等。Web 标准主要有结构标准、表现标准和行为标准。

- 结构标准：用于对网页元素进行组织和分类，主要包括 XML、HTML 和 XHTML。
- 表现标准：用于设置网页元素的版式、颜色、大小等外观样式，主要指的是 CSS。
- 行为标准：用于设置网页模型的定义及交互方式，主要包括 DOM 和 ECMAScript。

Web 标准提倡将结构、行为和表现分离。

W3C(World Wide Web Consortium 的缩写)中文译为"万维网联盟"，是一个国际标准化组织。W3C 最重要的工作是发展 Web 规范，制定了一系列标准。HTML、XML、CSS 标准就是由 W3C 来制定的。Web 开发者应遵循这些标准。

1.1.4 URL 地址

URL(Uniform Resource Locator)中文译为统一资源定位符。URL 其实就是 Web 地址，俗称网址。如图 1-7 所示"https://www.beijing2022.cn/education/index.htm"是 2022 北京冬奥会官方网站首页地址。

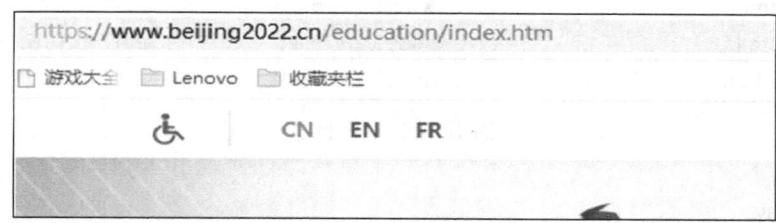

图 1-7 2022 北京冬奥会官方网站网址

URL 地址由协议、域名、网页地址和名称等组成。

在"https://www.beijing2022.cn/education/index.htm"这个网址中，"https"是协议，"www.beijng2022.cn"是域名，协议和域名之间用"://"隔开，"education"是网页所在文

件夹，"index.htm"是网页文件名称。

HTTP (HyperText Transfer Protocol)中文译为超文本传输协议，它规定了浏览器和万维网服务器之间互相通信的规则。在网址中，http 表示明文传输协议，https 表示加密传输协议。

WWW(World Wide Web)中文译为万维网，是 Internet 提供的一种网页浏览服务。

DNS(Domain Name System)中文译为域名解析系统，负责对域名和 IP 地址进行转换。

1.2　HTML 和 HTML5

1.2.1　HTML

HTML 和 HTML5

HTML(Hyper Text Markup Language)译为"超文本标记语言"，是一种用于描述网页的标准标记语言。HTML 可以描述文字、图像、动画、声音、表格、链接等。HTML 文档是由 HTML 组成的描述性文本，又称作 Web 页面，也就是网页，它的后缀是".html"或".htm"。

网页主要是通过 HTML 标记定义其中的文本、图片、超链接等内容的。如图 1-8 所示，<img>是一个图像标记，它定义了在网页中要显示一幅图像，并通过 src 属性指定了图像的位置，width 属性指定了图像的宽度。

图 1-8　HTML 标记及网页效果

HTML 语言发展至今，主要经历了六个版本，在这个过程中新增了许多 HTML 标记，同时也淘汰了一些标记。

- 1993 年 6 月，互联网工程工作小组(IETF)工作草案发布超文本标记语言第一版 HTML1.0。
- HTML2.0 于 1995 年 11 月发布，于 2000 年 6 月被宣布过时。
- W3C 于 1997 年 1 月 14 日推荐 HTML3.2 标准。
- W3C 于 1997 年 12 月 18 日推荐 HTML4.0 标准。
- W3C 于 1999 年 12 月 24 日推荐 HTML4.01 标准。
- HTML5 技术结合了 HTML4.01 的相关标准并进行了改进，2008 年正式发布。2014 年 10 月 28 日，W3C 发布了 HTML5 的最终版。

1.2.2　HTML5

HTML5 是超文本标记语言的第五代版本，是最新的 HTML 标准。HTML5 由不同的技术构成，在互联网中得到了非常广泛的应用。HTML4 是为了适应 PC 时代产生的，HTML5 是为了适应移动互联网时代产生的。

目前大部分主流的浏览器都支持 HTML5 特性。Internet Explorer 9 及其以上版本支持某些 HTML5 特性。许多浏览器都在支持 HTML5 上新增了许多新功能。

1.2.3　HTML5 优势

HTML5 增加了许多新的功能，具有显著的优势，具体包括：

(1) 增加了许多实用的特性，包括：

- 增加了新的语义元素，如<header>、<footer>、<nav>、<aside>、<article>等。
- 增加了新的表单控件，如数字、日期和时间、范围、电话、网址、搜索控件等。
- 增加了媒体和画布功能。HTML5 用<video>和<audio>标签来添加视频和音频，还提供了<canvas>标签以支持绘画功能。
- 增加了强大的新 API，如用本地存储取代了 cookie。

(2) 具有良好的用户体验。

HTML5 规范以"用户至上"为原则，一旦遇到无法解决的冲突时，规范会把用户放在第一位。

(3) 解决了跨浏览器问题。

之前由于各个浏览器不统一，使用不同的浏览器，常会看到不同的页面效果，修改浏览器兼容引起的 bug 浪费了用户大量的时间。在 HTML5 中视频、音频、图像、动画都被标准化，解决了浏览器兼容这个问题。

(4) 化繁为简的优势。

HTML5 简化了 DOCTYPE 文档类型和字符集的声明，新增了部分功能，这些功能可以代替 JavaScript，使得代码页面更简洁。

HTML4 的文档类型声明语句：

```
<!DOCTYPE HTML PUBLIC "-//W3C//DTD HTML 4.01 Transitional//EN" "http://www.w3.org/TR/html4/loose.dtd">
```

HTML5 文档类型声明语句：

```
<! DOCTYPE html>
```

1.3　Web 前端开发工具

1.3.1　开发工具介绍

开发工具介绍

制作网页之前，首先需要选择一个合适的开发工具，目前比较流行的 Web 开发工具有 Notepad++、WebStorm、Dreamweaver 和 VS Code 等。

- Notepad++ 是一款 Windows 环境下的免费的代码编辑器，是记事本的增强版，支持 HTML、CSS、JavaScript、Java、PHP 等多种计算机程序语言，可以作为前端开发的一个入门工具。

· WebStorm 是一个比较专业的前端开发软件，支持代码高亮、智能补全、Git 等功能，还支持代码调试、重构等功能，相对其他软件来说，WebStorm 文件比较大，功能也更复杂，在项目管理、团队协作开发中经常会用到。

· Dreamweaver 是集网页制作和管理于一身的所见即所得的网页代码编辑器。它使用可视化工具，可以快速制作和建设网站。但是可视化工具会产生冗余代码，所以 Dreamweaver 适合作为入门工具。

· Visual Studio Code 简称"VS Code"，是由微软推出的一款跨平台、开源、免费的代码编辑器，支持多种编程语言和框架，由于其丰富的功能和良好的用户体验，成为众多开发者的首选。

1.3.2　Visual Studio Code 工具

Visual Studio Code(VS Code)是当前最热门的一款代码编辑器，可用于开发不同类型的 Web 应用程序。本书使用 VS Code 作为开发工具。

VS Code 具有以下特点：

· 开源免费。开源免费的工具对于初学者来说非常方便。

· 跨平台。VS Code 支持 Windows、macOS 和 Linux 等多种操作系统。

· 简单易用。VS Code 具有语法高亮显示、智能代码补全、自定义快捷键和代码匹配等功能。

· 可扩展，插件丰富。VS Code 的插件扩展系统非常强大，通过安装插件，可以轻松扩展 VS Code 的功能。

· 运行速度快。VS Code 的文件占用内存较小，轻巧灵活。

1. 下载安装 VS Code

VS Code 官方下载地址为 https://code.visualstudio.com。进入官网后在页面右上方单击 Download 按钮，在打开的新网页中根据自己电脑所安装的操作系统选择下载的版本，如图 1-9 所示。

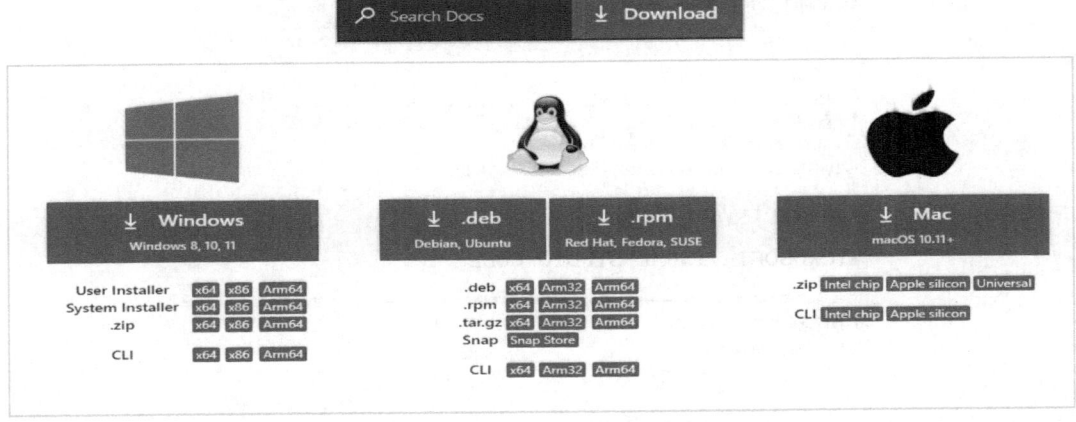

图 1-9　VS Code 下载页面

在 Windows 操作系统中安装，可以单击图 1-9 左侧的 Windows，弹出新建下载任务，会自动选择下载一个与操作系统匹配的版本，如图 1-10 所示。

图 1-10　新建下载任务对话框

如果下载速度慢，可以复制下载网址，使用国内镜像服务器。具体操作为：在图 1-10中复制原地址：

https://az764295.vo.msecnd.net/stable/695af097c7bd098fbf017ce3ac85e09bbc5dda06/VSCodeUserSetup-x64-1.79.2.exe

在浏览器地址栏中粘贴原地址，并修改为镜像服务器地址，按回车键进行下载：

https://vscode.cdn.azure.cn/stable/695af097c7bd098fbf017ce3ac85e09bbc5dda06/VSCodeUserSetup-x64-1.79.2.exe

使用镜像服务器地址下载速度非常快。

下载后双击"VSCodeUserSetup-x64-1.79.2.exe"文件进行安装，安装过程会提示是否同意许可协议、选择安装位置、选择在开始菜单中的文件夹、选择创建桌面快捷方式等，如图 1-11～图 1-14 所示，根据需要选择后单击"下一步"按钮，最后单击"安装"按钮开始安装。

图 1-11　许可协议

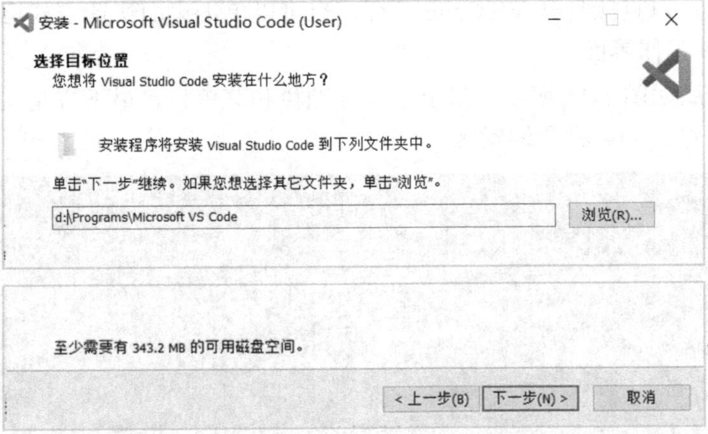

图 1-12 选择安装位置

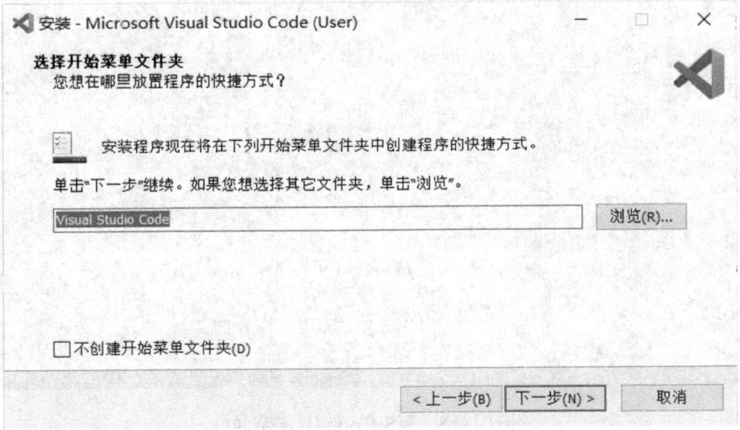

图 1-13 选择在开始菜单中的文件夹

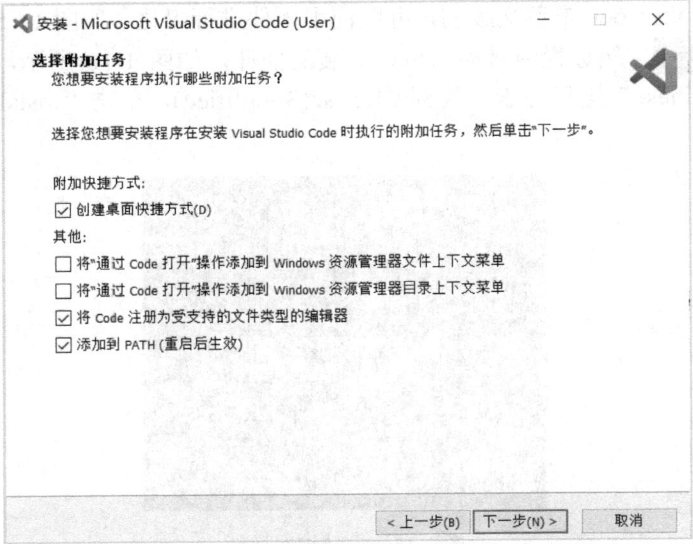

图 1-14 选择创建桌面快捷方式

安装完毕后可以直接打开 VS Code 运行，也可以单击桌面快捷方式运行。

2. VS Code 工作界面

VS Code 布局如图 1-15 所示。最上方是标题栏和菜单栏，最下方是状态栏，中间从左到右依次为活动栏、侧边栏和编辑区。

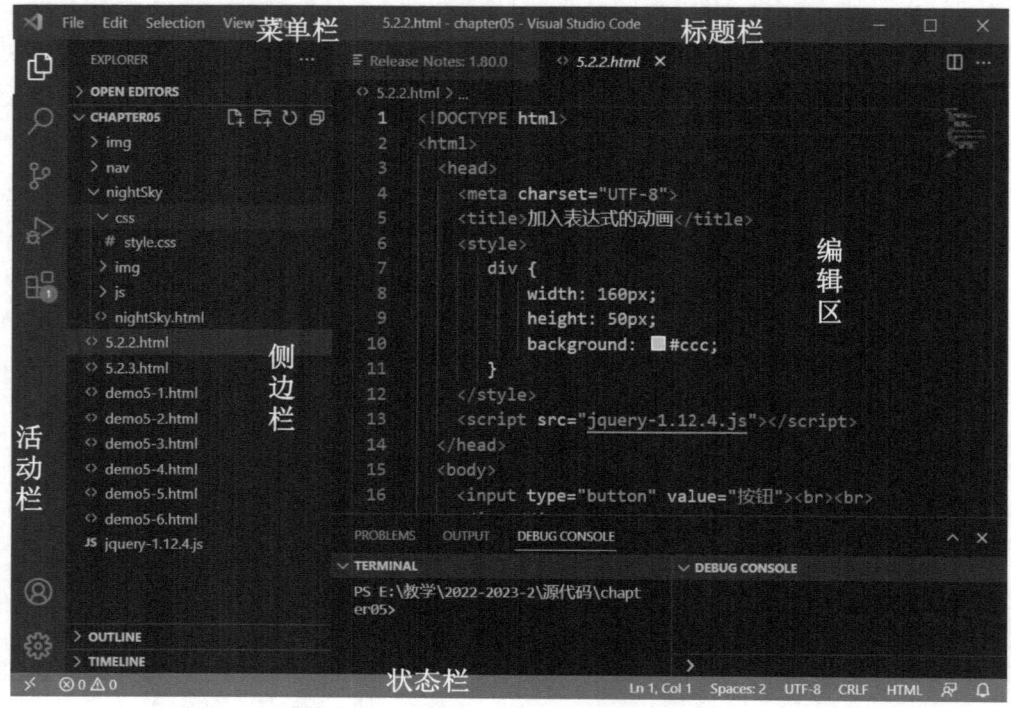

图 1-15 VS Code 工作界面

3. 汉化 VS Code

默认安装的 VS Code 是英文版的，可以使用插件进行汉化。如图 1-15 所示，单击活动栏中的扩展按钮，侧边栏中将显示可以安装的插件，如图 1-16 所示。在上方搜索框中输入关键字"Chinese"进行搜索，找到 Chinese(Simplified)，单击"Install"按钮，进行下载安装。

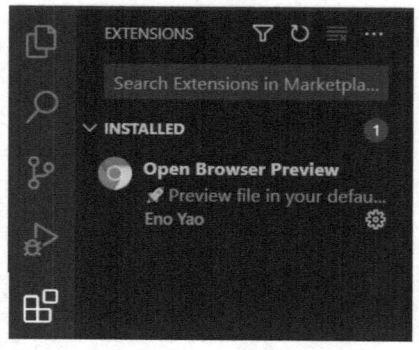

图 1-16 安装扩展插件

安装之后在窗口右下角显示"Would you like to change Visual Studio Code's display language to Chinese Simplified and restart？"，如图 1-17 所示，单击"Change Language and Restart"按钮，VS Code 界面以中文方式显示。

图 1-17 选择用简体中文方式显示 VS Code

1.4 案例：制作简单的 HTML5 页面

制作简单的
HTML5 页面

1.4.1 任务描述

前面我们介绍了 VS Code 编辑工具，使用这种工具可以快速、高效地制作网页，下面我们结合具体的案例讲解 VS Code 工具的使用。

从火箭厂房到卫星车间，从天和遨游到行星探测，随着一项项重大航天工程的加速推进，中国航天开启了全面建设航天强国新征程。下面我们制作一个关于航天飞行任务的简单网页，网页浏览效果如图 1-18 所示。

图 1-18 航天飞行任务网页效果图

1.4.2　实施步骤

下面我们使用 VS Code 制作"航天飞行任务"网页,初步体验 HTML 网页的制作过程。

(1) 准备站点根目录。在 d 盘网页制作文件夹下创建 chapter01 文件夹,chapter01 文件夹就是我们的站点根目录。

(2) 准备图像素材。打开 chapter01 文件夹,在此文件夹中创建子文件夹"img",将本项目图像素材"ship.jpg"文件复制粘贴到本项目的"img"子文件夹下。

(3) 打开 VS Code,在菜单栏中选择"文件"→"打开文件夹"命令,选择并打开 chapter01 文件夹。在 VS Code 左侧活动栏中单击资源管理器按钮，可以看到 img 文件夹和里面的文件。在资源管理器中选择 chapter01,单击新建文件按钮，如图 1-19 所示,在"资源管理器"下方输入网页名称"task.html", 如图 1-20 所示。

图 1-19　新建文件

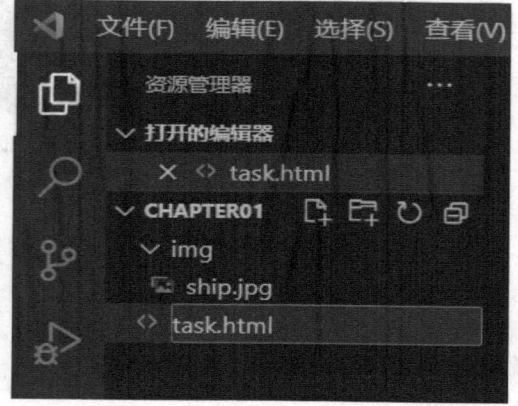

图 1-20　创建网页文件 task.html

(4) 生成网页文件基本代码。在左侧"资源管理器"中选择"task.html",编辑栏中显示文件内容,输入英文状态下的感叹号,如图 1-21 所示,然后按键盘上的 Tab 键,生成网页的基本文档结构,如图 1-22 所示。

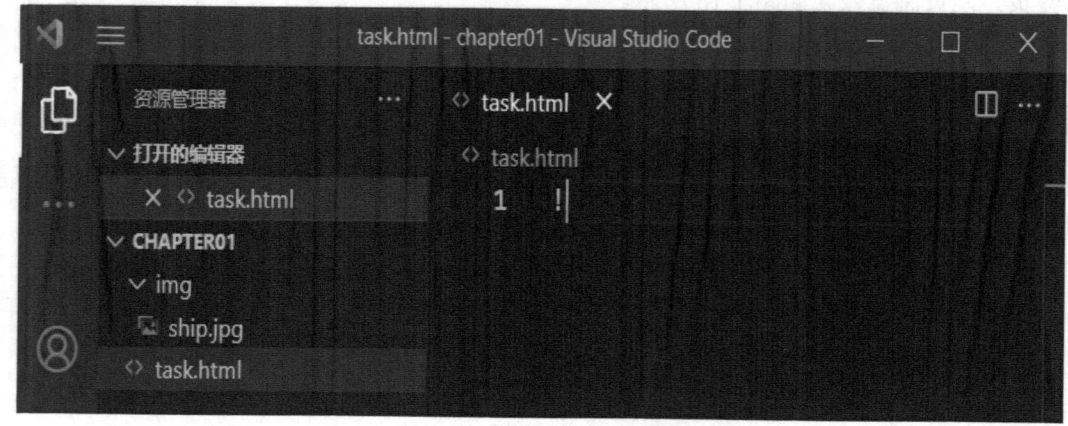

图 1-21　在编辑栏中输入英文状态下的感叹号

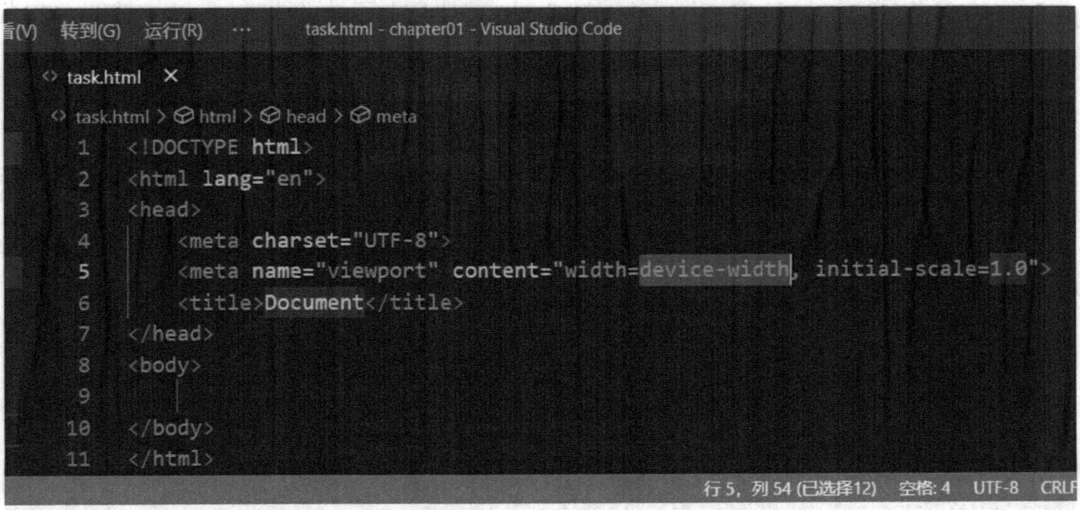

图 1-22 网页基本文档结构

(5) 输入网页标题。在<title>和</title>之间输入"航天飞行任务"。

```
<head>
    <meta charset="utf-8" />
    <meta name="viewport" content="width=device-width, initial-scale=1.0">
    <title>航天飞行任务</title>
</head>
```

(6) 输入网页内容代码。在<body></body>之间输入如下标题、段落、水平线和图像内容。

```
1    <html>
2    <head>
3        <meta charset="utf-8" />
4        <meta name="viewport" content="width=device-width, initial-scale=1.0">
5        <title>航天飞行任务</title>
6    </head>
7    <body>
8        <h2>神舟十三号载人飞船飞行任务</h2>
9        <hr/>
10    <img src="img/ship.jpg"   width="300px" alt="" >
11        <p>2021 年 10 月 16 日 0 时 23 分，搭载神舟十三号载人飞船的长征二号
            F 遥十三运载火箭在酒泉卫星发射中心按照预定时间精准点火发射。</p>
12    </body>
13    </html>
```

第 8 行代码"<h2>神舟十三号载人飞船飞行任务</h2>"将文本以标题 2 格式显示。
第 9 行代码"<hr/>"会在网页中显示一个水平线。

第 10 行代码"<img　src＝"img/ship.jpg"　alt＝"神舟十三号飞船"　width＝"300 px">"
会在网页中显示一个宽为 300 px 的图像。

第 11 行代码将文字以普通段落格式显示。

这些标签的使用会在后面项目中详细讲解。

(7) 输入内容之后，在菜单栏中选择"文件"→"保存"命令或使用快捷键 Ctrl＋S 保存文档。

(8) 在菜单栏中选择"运行"→"启动调试"命令或使用快捷键 F5，选择浏览器浏览网页效果，如图 1-23 所示。

选择调试器

Web 应用(Chrome)

Web 应用(Edge)

安装 HTML 的扩展…

图 1-23　选择浏览器

1.5　HTML5 页面基础

1.5.1　HTML5 基本文档结构

HTML5 页面基础

在 VS Code 中新建网页，在编辑区中输入英文状态下的感叹号，然后按 Tab 键，自动生成网页的基本代码结构，如图 1-24 所示。下面介绍这些代码的含义和作用。

```html
<!DOCTYPE html>
<html lang="en">
<head>
    <meta charset="UTF-8">
    <meta name="viewport" content="width=device-width, initial-scale=1.0">
    <title>Document</title>
</head>
<body>

</body>
</html>
```

图 1-24　网页基本文档结构

1. <!DOCTYPE >标记

<!DOCTYPE>声明位于文档中最前面的位置，在<html>标记之前，用来向浏览器说明使用的是哪种 HTML 标准。<!DOCTYPE html>声明文档类型是 html。

2. <html>标记

<html>是根标记，<html>标记文档开始，</html>标记文档结束，<html lang = "en">标记告知浏览器这是一个 html 文档，并且语言为英语，"en"代表英文，"zh-CN"代表中文。

3. <head>标记

<head>标记定义文档的头部，用于封装位于头部的标记，如<meta>、<title>、<link>、<style>等都位于<head>和</head>内部。<head>标记中的内容不会在网页中显示。

4. <meta>标记

<meta>标记通常用于指定网页的描述、关键词、作者和其他元数据。

<meta charset = "UTF-8">声明使用 UTF-8 字符集，中文常用的字符集还有 gb2312。

<meta name = "viewport" content = "width=device-width, initial-scale = 1.0">用来定义视口，用于响应式页面。

5. <title>标记

<title>标记定义网页的标题。

6. <body>标记

<body>标记定义网页的主体部分。body 标签里面包含要显示的网页内容，如文本、图像、超链接和列表等。

1.5.2　HTML 标记

HTML 文档中带有"< >"符号的元素被称为 HTML 标记，也称为标签、元素，如<body>、<img>等都是标记。

HTML 标记分为两大类：双标记与单标记。

📑**提示**

HTML 标记不区分大小写，但根据 W3C 的规范写法，一般使用小写。

1. 双标记

双标记是指由开始和结束两个标记符组成的标记。开始标记又称为起始标记，结束标记又称为闭合标记，开始标记和结束标记之间是元素的内容。

双标记的基本语法格式如下：

基本语法格式

```
<标记名>内容</标记名>
```

例如：

```
<h1>飞行任务</h1>
```

<h1></h1>是一个双标记，<h1>是开始标记，</h1>是结束标记，"飞行任务"是标记

内容。

2. 单标记

单标记是指用一个标记符号即可完整地描述某个功能的标记。单标记在开始标签中进行关闭。

单标记的基本语法格式如下：

基本语法格式

　　<标记名/>

例如：

　　<hr/>

<hr/>是一个单标记。

📑提示

双标记的反斜杠必须要写，单标记中的反斜杠是可以省略的，例如<hr/>，可以写成<hr>，效果是一样的。

1.5.3　属性

在 HTML 标记中，可以通过属性名="属性值"的方式为标记添加属性，其中"属性名"和"属性值"是以"键值对"的形式出现的，属性值被包括在引号内。标记名和属性名之间，属性和属性之间用空格隔开。各属性之间无先后次序，属性省略时取默认值，其基本语法格式如下：

基本语法格式

　　<标记名　属性名 1＝"属性 1 值"　属性名 2＝"属性 2 值" …>　内容　</标记名>

例如：

　　<img src="img/shenzhou.jpg" width="300px"/>

<img>标记中，"src"是属性名，"img/shenzhou.jpg"是属性值，"width"是属性名，"300 px"是属性值。"src"属性用来描述图像的位置和名称，"width"属性用来描述图像显示的宽度。

某些属性有默认值，省略该属性时取默认值。例如在上面标记中若省略"width"属性，在网页中会显示图像原始大小。

<img>标记中 src 属性不能省略。

1.5.4　注释

注释指在 HTML 文档中为了便于阅读和理解代码，所加的不需要显示在页面中的文字。浏览器不显示注释内容，注释是为了方便阅读代码。

注释的基本语法格式如下：

基本语法格式

```
<!--单行注释 -->
…
<!--
    多行注释
    …
-->
```

注释分为单行注释和多行注释，只要保证注释内容在"<!--"和"-->"之间即可。例如：

```
<!--这是一个标题 1 标记-->
<h1>飞行任务</h1>
```

使用注释除了可以对代码进行说明外，还可以用来注释掉程序中的代码。例如当不希望某段代码执行时，就可以先将它们注释掉，这样浏览器就不会执行这段代码了。在调试代码时可以先注释部分代码，以便找出错误位置。

项 目 小 结

本项目初步介绍了网页的一些基本概念和简单的网页制作步骤，主要包括以下内容：

◆ Web 的基本概念：网页、网站、浏览器、Web 标准和 URL 地址。

◆ HTML 和 HTML5。HTML(Hyper Text Markup Language，超文本标记语言)是用来描述网页的语言，HTML5 是 HTML 的新一代版本。

◆ Web 前端开发工具。VS Code 是一个国产的免费 Web 前端开发软件，轻巧灵活，语法提示、代码处理功能强大。

◆ HTML5 页面基础。熟悉网页基本代码结构，不同的 HTML 标记需要写在文档的不同位置。

◆ 制作简单的 HTML5 页面。

单元测试与项目实践

1. 选择题

(1) 下面是网页浏览工具的是(　　)。

A. DreamWeaver   B. 记事本   C. Chrome 浏览器   D. IE 浏览器

(2) 下面是网页开发工具的是(　　)。

A. DreamWeaver   B. VS Code   C. Chrome 浏览器   D. IE 浏览器

(3) 下列语言可以用来定义网页内容的是(　　)。

A. HTML   B. XML   C. CSS   D. Javascript

(4) 下列标签可以用来定义网页标题的是(　　)。

A. <html>标记   B. <head>标记   C. <title>标记   D. <p>标记

(5) 下面是双标记的是(　　)。

A. <!--banner 部分-->   B. 段落文本

C. <img src="img/logo.gig"/>   D. <hr/>

2. 项目实践

本项目学习了 VS Code 开发工具的使用，制作了"航天飞行任务"网页，下面我们通过制作"大赛获奖"网页，巩固使用 VS Code 制作网页的方法。网页浏览效果如图 1-25所示。

图 1-25   "大赛获奖"网页效果图

项目 2　添加网页内容

◈ 知识目标

◆ 掌握标题、段落等文本标记的使用；
◆ 了解文本格式化标记，会输入特殊字符；
◆ 掌握图像标记，会在网页中插入图像，设置图像属性；
◆ 熟悉超链接标记，知道超链接分类；
◆ 熟悉列表标记，会定义列表，了解列表嵌套。

◈ 能力目标

◆ 会使用标题、段落、图像、列表标记制作简单的网页；
◆ 能够通过在页面上面添加超链接元素，实现不同页面之间的跳转。

◈ 思政目标

通过制作"念奴娇·赤壁怀古"诗词网页，感受作者博大的胸襟和豪迈的气概。

◈ 任务描述

　　文本、图像、超链接是网页中的重要元素，列表也是常见的网页元素，使用列表页面布局更整齐。本项目通过在页面上添加文本、图像和列表等元素，制作了"念奴娇·赤壁怀古"诗词网页，并通过在页面上添加超链接元素，实现不同页面之间的跳转。最后根据学习内容，同学们制作"写作背景"网页。

2.1　标题和段落标记

标题和段落标记

2.1.1　标题标记

　　HTML 用标题来呈现文档结构，提供了 <h1>～<h6> 6 个标题标记，分别称为标题 1，标题 2，标题 3，标题 4，标题 5，标题 6。<h1>定义一级标题。将<h1>用作主标题(最重要的)，其次是<h2> (次重要的)，再其次是<h3>，以此类推。图 2-1 是标题 1 到标题 6 的样式。

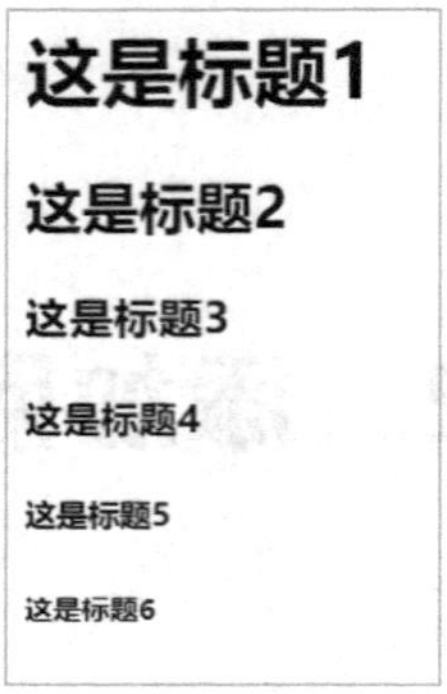

这是标题1

这是标题2

这是标题3

这是标题4

这是标题5

这是标题6

图 2-1　标题样式

标题标记的基本语法格式如下：

 基本语法格式

　　<hn 属性名="属性值">标题文本</hn>

n 取值 1～6。

【demo1】显示各级标题。

```
<!DOCTYPE html>
<html lang="en">
<head>
    <meta charset="UTF-8">
    <meta name="viewport" content="width=device-width, initial-scale=1.0">
    <title>标题标记</title>
</head>
<body>
    <h1>这是标题 1</h1>
    <h2>这是标题 2</h2>
    <h3>这是标题 3</h3>
    <h4>这是标题 4</h4>
    <h5>这是标题 5</h5>
    <h6>这是标题 6</h6>
</body>
</html>
```

提示

使用标题标记时要确保标题标记只用于标题。不要仅仅只是为了产生粗体或大号的文本而使用标题。

标题标记的常用属性是 align，用来设置标题的对齐方式，可选择 left、right、center 三种属性值。

left：设置标题文字左对齐(默认值)；

center：设置标题文字居中对齐；

right：设置标题文字右对齐。

例如：

```
<h3 align = "center">生活小妙招</h3>
```

设置"生活小妙招"以标题 3 格式显示，居中对齐。

2.1.2　段落标记

网页中的正文文字内容一般放在段落标记<p></p>之间。

段落标记的基本语法格式如下：

 基本语法格式

```
<p 属性名 = "属性值">段落文本</p>
```

段落标记的常用属性是 align，用来设置段落的对齐方式，可选择 left、right、center 三种属性值，默认值为 left。

例如：

```
<p align = "right">详细信息</p>
```

2.1.3　换行和水平线标记

1. 换行标记

如果希望在不产生一个新段落的情况下进行换行，需要使用
标记。

换行标记的基本语法格式如下：

 基本语法格式

```
<br/>
```

换行标记
是一个单标记。

【demo2】在段落中使用换行标记。

```
<!DOCTYPE html>
<html lang="en">
<head>
    <meta charset="UTF-8">
    <meta name="viewport" content="width=device-width, initial-scale=1.0">
    <title>段落和换行标记</title>
```

```
</head>
<body>
    <p>
        段落 1 内容 <br />
        这也是段落 1
    </p>
    <p>段落 2 内容</p>
</body>
</html>
```

此例将会在段落 1 中产生换行效果，运行效果如图 2-2 所示。

图 2-2　在段落中使用换行标记

2. 水平线标记

当页面中的内容主题变化时，常用水平线进行分割。HTML 用<hr/>标记生成水平线。水平线标记的基本语法格式如下：

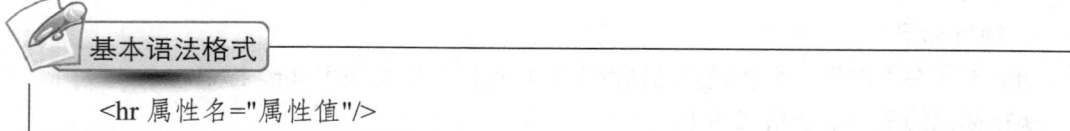

基本语法格式

```
<hr 属性名="属性值"/>
```

<hr>标记常用的属性有 align、size、width 和 color。

align：设置水平线的对齐方式。可选择 left、right、center 三种值，默认为 center，居中对齐；

size：设置水平线的粗细。以像素为单位，默认为 2 像素；

width：设置水平线的宽度。可以是确定的像素值，也可以是浏览器窗口的百分比，默认为100%；

color：设置水平线的颜色。可用颜色名称、十六进制#RGB、rgb(r,g,b)。

【demo3】使用水平线标记。

```
<!DOCTYPE html>
<html lang="en">
<head>
```

```
        <meta charset="UTF-8">
        <meta name="viewport" content="width=device-width, initial-scale=1.0">
        <title>水平线标记</title>
    </head>
    <body>
        <h3>基本信息</h3>
        <hr color="#ff0000"/>
        <p>图书名称：中国经典故事绘本</p>
        <p>出版社：延边大学出版社</p>
    </body>
</html>
```

此例将会在标题和段落中间生成一条红色的水平线，运行效果如图 2-3 所示。

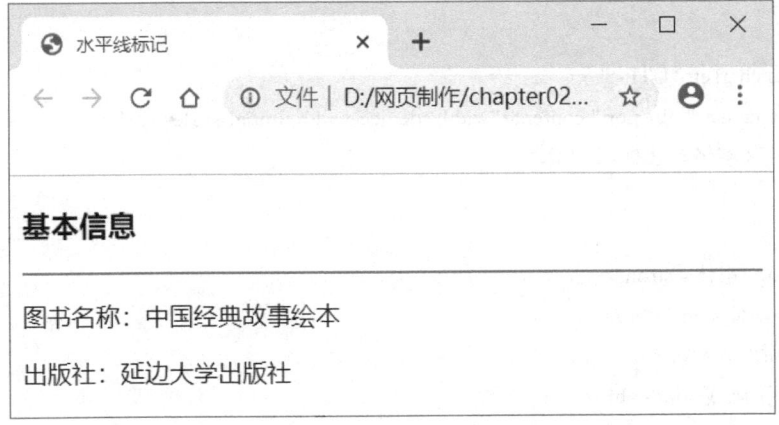

图 2-3　使用水平线标记

📑提示

在本书后面会介绍 CSS，在网页中元素的宽、高、颜色、对齐、背景、边框等样式一般使用 CSS 样式设置。HTML5 中已经不再使用 align、width、color 等属性，但为了和之前版本兼容，在网页中使用这些属性仍能够正常显示。

2.2　文本格式化标记和特殊字符

文本格式化标记
和特殊字符

2.2.1　文本格式化标记

网页中的文本有大小、颜色、字体、粗细、对齐方式、间距、背景等各种样式变化，使网页看起来更加美观。这些样式变化可以由 CSS 样式来实现，部分样式也可以使用文本格式化标记实现，如表 2-1 中所列的是常见的文本格式化标记。

表 2-1　常见的文本格式化标记

标　签	描　述
<b></b>和<strong></strong>	定义文字以粗体方式显示
<em></em>和<i></i>	定义文字以斜体方式显示
<s></s>和<del></del>	定义文字以加删除线方式显示
<ins></ins>和<u></u>	定义文字以加下画线方式显示
	定义下标字
	定义上标字

【demo4】使用文本格式化标记。

```
<!DOCTYPE html>
<html lang="ZH-cn">
<head>
    <meta charset="UTF-8">
    <meta name="viewport" content="width=device-width, initial-scale=1.0">
    <title>文本格式化标记</title>
</head>
<body>
    <strong>粗体</strong><br />
    <em>斜体</em><br />
    <s>删除</s><br />
    <ins>下画线</ins><br />
    X <sup>2</sup><br />
    X <sub>2</sub><br />
</body>
</html>
```

此例浏览效果如图 2-4 所示。

图 2-4　使用文本格式化标记

2.2.2　特殊字符

特殊字符指普通键盘上不存在的符号，例如，一些数学运算符、箭头、技术符号和形状之类的 HTML 符号，表 2-2 中是经常使用的特殊符号。

表 2-2　在网页中常用的特殊符号

特 殊 字 符	描　　述	字符的代码
	空格符	
←	左箭头	&larr;
↑	上箭头	&uarr;
&	和号	&amp;
￥	人民币	&yen;
©	版权	&copy;
®	注册商标	&reg;

【demo5】使用特殊符号。

```
<!DOCTYPE html>
<html lang="ZH-cn">
<head>
    <meta charset="UTF-8">
    <meta name="viewport" content="width=device-width, initial-scale=1.0">
    <title>使用特殊符号</title>
</head>
<body>
    <p>版权所有&copy；第 45 届世界技能大赛河南省选拔赛组织委员会</p>
    <p>豫 ICP 备********号</p>
</body>
</html>
```

此例在网页中使用了版权字符代码 "©"，运行效果如图 2-5 所示。

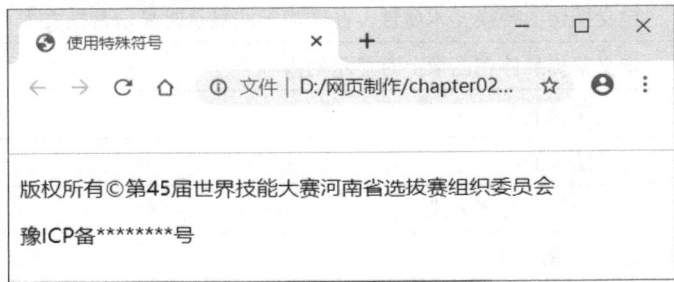

图 2-5　使用特殊符号

想了解更多的符号可以登录网站 https://www.w3school.com.cn/，在左侧导航栏中选择

"HTML"→"HTML 符号"可以看到数学符号、希腊字母、箭头符号等。

2.3 图 像 标 记

图像标记

2.3.1 网页中常用的图像格式

网页中常用图像格式有 GIF、PNG 和 JPG 格式。

· GIF 格式支持动画，支持透明，同时 GIF 也是一种无损的图像格式，在修改图像之后，图像质量几乎没有损失。但 GIF 图像的颜色数少，只能处理 256 种颜色吗，常用于 logo、小图标及其他色彩相对单一的图像。

· PNG 格式最大的优势是体积小，支持 alpha 透明(全透明，半透明，全不透明)，支持 PNG-8 和真色彩 PNG(PNG-24 和 PNG-32)，并且颜色过渡更平滑，但 PNG 不支持动画。

· JPG 格式所能显示的颜色比 GIF 和 PNG 要多，可以用来保存超过 256 种颜色的图像，但是 JPG 图像文件较大，是一种有损压缩的图像格式，每修改一次图片都会造成一些图像数据的丢失。JPG 常用来保存照片、横幅广告、商品图片。

2.3.2 图像标记和属性

图像能使网页更加生动、美观，是网页中的主要内容。

图像标记的基本语法格式如下：

基本语法格式

<img src="图像 url" 属性名="属性值"/>

<img>标记的常见属性有 src、alt、title、width、height、align 和 border，如表 2-3 所示。

表 2-3 图像标记常用属性

属 性 名	功　　能
src	定义存储图像的路径和名称，这是一个必选属性
alt	定义图像的替换文本属性，在图像无法显示时显示替换文本
title	定义鼠标悬停在图像上时显示的内容
width	定义图像的宽
height	定义图像的高
align	定义图像的对齐方式
border	定义图像边框

align 属性的值有 left、right、top、middle 和 bottom 五种。

left：将图像对齐到左边；

right：将图像对齐到右边；

top：将图像的顶端和第一行文字对齐，其他文字居图像下方；

middle：将图像的水平中线和第一行文字对齐，其他文字居图像下方；

bottom：将图像的底部和第一行文字对齐，其他文字居图像下方。

【demo6】图像标记的使用。

```
<!DOCTYPE html>
<html lang="ZH-cn">
 <head>
        <meta charset="utf-8">
        <title>图像标记</title>
 </head>
 <body>
        <img src="img/people1.jpg" alt="头像" title="头像" align="left"/>
        <p>志当存高远</p>
        <p>我是今年上岸的学姐，要是学弟学妹们有什么关于专升本的疑问都可以来问我</p>
        <p>2023-07-22 16:43</p>
 </body>
 </html>
```

此例运行效果如图 2-6 所示。

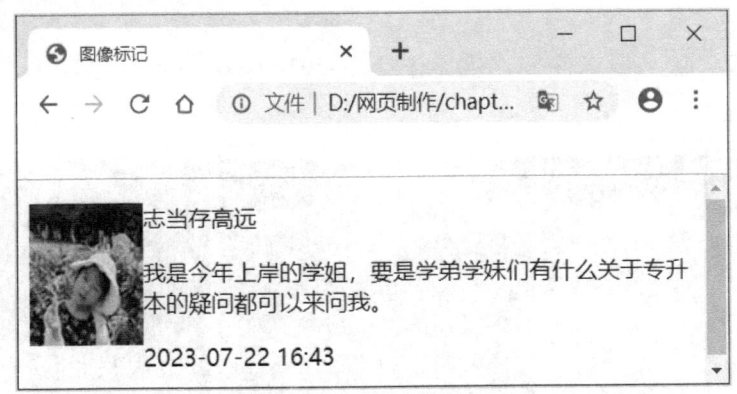

图 2-6　使用图像标记效果

在 demo6 中 src 属性的值为"img/people1.jpg"，该网页文件和 img 文件夹在同一个文件夹中，图像"people1.jpg"在文件夹 img 中。

2.3.3　图像地址

在网页中图像没有嵌入网页文档中，只是在 src 属性中指定了图像位置，浏览时需要根据位置找到图像并显示，因此，与 Word 文档中图像不同，源图像不能删除，而且文件路径必须正确。

图像的路径包括相对路径和绝对路径。

• 相对路径：以 HTML 网页文件为起点，通过层级关系描述目标图像的位置，在例 demo6 中使用的就是相对路径。

• 绝对路径：一般是指带有盘符的路径(如 D:\web\img\logo.gif)，或者指包含完整的网络地址的路径(如 http://www.itcast.cn/images/logo.gif)。

【demo7】使用图像相对路径。

```
1    <!DOCTYPE html>
2    <html lang="ZH-cn">
3    <head>
4        <meta charset="utf-8">
5        <title>图像路径</title>
6    </head>
7    <body>
8        <img src="flower1.jpg" alt="郁金香"/>
9        <img src="img/flower2.jpg" alt="郁金香" />
10       <img src="../flower.jpg" alt="郁金香" />
11   </body>
12   </html>
```

此例在网页中使用了相对路径，效果如图 2-7 所示。

图 2-7　使用图像相对路径

第 8 行代码"<img src = "flower1.jpg" alt = "郁金香" />"由于图像文件和 html 文件位于同一文件夹，只需输入图像文件的名称即可。

第 9 行代码"<img src = "img/flower2.jpg" alt = "郁金香" />"由于图像文件位于 html 文件所在文件夹的下一级文件夹 img 中，需要输入文件夹名和文件名，之间用"/"隔开。

第 10 行代码"<img src = "../flower.jpg" alt = "郁金香" />"由于图像文件位于 html 文件所在文件夹的上一级文件夹，在文件名之前加入"../"，表示返回上一层文件夹。

2.4　超链接标记

在网页中我们可以看到很多的超链接，通过超链接可以链接到同一网站中的其他网页，也可以链接到其他网站，链接到页面内不同的位置。

2.4.1　超链接标记和属性

超链接标记的基本语法格式如下：

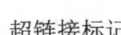

超链接标记

基本语法格式

```
<a href="跳转目标 url"　target="目标窗口的弹出方式">
        文本或图像
    </a>
```

href 属性定义链接的目标位置，这是一个必选项。

target 属性用于指定链接页面的打开方式，其取值有 "_self" 和 "_blank" 两种，其中，"_self" 为默认值，意为在原窗口中打开，"_blank" 为在新窗口中打开。

<a>标签开始标签和结束标签之间可以为文本或图像，作为超链接显示。

【demo8】超链接标记的使用。

```
<!DOCTYPE html>
<html lang="ZH-cn">
<head>
        <meta charset="utf-8">
        <title>超链接标记</title>
</head>
<body>
        <p>
                <a href="https://www.baidu.com">链接到百度-在原来窗口打开</a>
        </p>
        <p>
                <a href="https://www.baidu.com" target="_blank">链接到百度-在新窗口打开
                </a>
        </p>
</body>
</html>
```

本例运行效果如图 2-8 所示，单击文字 "链接到百度" 可以链接到百度页面，单击第一个链接时在原来窗口打开，原来页面被替换，单击后退按钮可以返回，单击第二个链接时在新的浏览器窗口中打开百度，这是因为第二个链接中设置了属性 target = "_blank"。

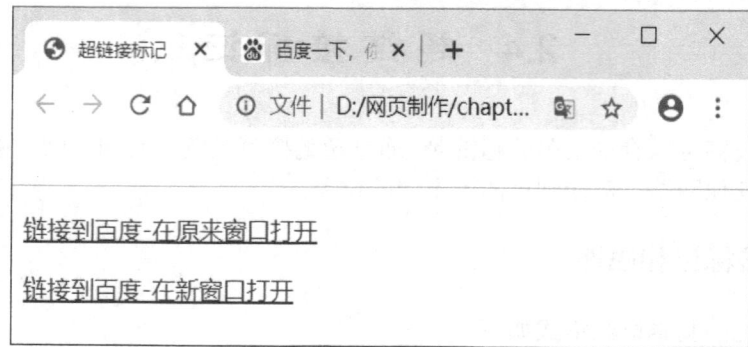

图 2-8　超链接标记的使用

2.4.2　超链接分类

根据链接的目标位置不同，超链接分为外部链接、内部链接、锚链接和邮件链接。

1. 外部链接

外部链接指与其他网站的页面之间的链接。网站中的"友情链接"就是比较常见的外部链接形式。在 demo8 中链接到百度的就是一个外部链接。外部链接指向的链接地址是一个完整的网络地址(如 https://www.baidu.com)。

2. 内部链接

内部链接指网站内部各页面之间的链接，即同一网站根目录下不同页面之间的互相链接。网站的导航栏、栏目和终极内容页之间的链接都可以归类为内部链接。内部链接指向的链接地址通常是一个相对地址。

3. 锚链接

锚链接指链接到网页(当前网页或其他网页)某一特定位置的链接。当网页内容比较多，页面较长时，向下翻看内容后可以做一个"回顶部"链接，即可快速返回到页面顶部。

实现锚链接需要两个步骤：

(1) 创建命名锚记。使用 id 或 name 属性标注跳转目标的位置。

(2) 链接到命名锚点。使用 "<a href = "#锚点名称">链接文本或图像</a>" 创建链接。

【demo9】锚链接的使用。

```
1    <!DOCTYPE html>
2    <html lang="ZH-cn">
3    <head>
4        <meta charset="UTF-8">
5        <meta name="viewport" content="width=device-width, initial-scale=1.0">
6        <title>Document</title>
7    </head>
8    <body>
```

9　　　　　　`<h2 align="center" id="top">赏析</h2>`

10　　　　　`<a href="#botton">到底部</a>`

11　　　　　`<hr />`

12　　　　　`<p>    `这是一首记叙二万五千里长征这一历史事件的革命史诗。它生动形象地概括了红军长征的光辉历程，热情洋溢地歌颂了红军战士不畏艰险、英勇顽强的革命英雄主义和革命乐观主义精神。`</p>`

13　　　　　`<p>    `"红军不怕远征难，万水千山只等闲。"首联开门见山地赞美了红军不怕困难、勇敢顽强的革命精神，这是全篇的中心思想，以直白的语言、豪迈的气势，高度概括了红军在长征中不畏艰难险阻、勇往直前的英雄气概。`</p>`

14　　　　　`<p>    `"不怕"二字是全诗的诗眼，以坚定的语气表现出红军面对长征过程中的千难万险，毫无惧色。"等闲"两字则将困难轻轻一瞥，加深了对"不怕"的表述，表现出红军藐视困难的自豪感。"万水千山"以静写动，展现了一幅浓缩红军长征壮阔历程的总览图。`</p>`

15　　　　　`< img src="img/pic3.jpg" alt="">`

`<!-- ……中间省略 7 个段落，内容参考素材和源代码 -->`

23　　　　　`<a href="#top">回到顶部</a>`

24　　　　　`<a name="bottom"></a >`

25　　`</body>`

本例中做了两个锚点链接。

第 9 行代码"`<h2 align = "center" id = "top">`赏析`</h2>`"在`<h2>`标记中添加了一个 id 属性，标注跳转目标的位置，id 属性的值是锚点名称。

第 10 行代码"`<a href = "#bottom">`到底部`</a>`"创建链接，链接到命名锚点 bottom。

第 23 行代码"`<a href = "#top">`回到顶部`</a>`"创建链接，链接到命名锚点 top。

第 24 行代码"`<a name = "bottom"></a>`"用一个链接标记创建了一个命名锚点，name 属性的值是锚点名称。

当单击页面下面链接"到顶部"时，页面跳转到标题位置。当单击页面上面链接"到底部"时，页面跳转到底部命名锚点位置。

在大型文档开始位置上创建目录，可以为每个章节赋予一个命名锚记，然后把链接到这些锚记的链接放到文档的上部。在百度百科中几乎每个词条都采用这样的导航方式。

4. 邮件链接

邮件链接的链接地址是一个邮箱地址。例如`<a href = "mailto:someone@163.com">`发送邮件`</a>`。

2.5　列　表　标　记

列表标记

每个网页上都有大量的信息，要想使网页中的信息排列有序，条理清晰，通常使用列表。HTML 提供了三种列表：无序列表、有序列表和定义列表。

2.5.1 无序列表

无序列表中各个列表项之间是并列关系，没有顺序级别之分。网页中的导航、内容标题常使用无序列表。

无序列表的基本语法格式如下：

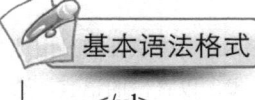

```
</ul>
    <li>列表项 1</li>
    <li>列表项 2</li>
    <li>列表项 3</li>
</ul>>
```

<ul>是无序列表标记，<li>标记定义列表项。无序列表的列表项前面在浏览器中默认显示粗体圆点。

列表项内部可以包含文本、段落、链接以及其他列表等。

2.5.2 有序列表

有序列表指有排列顺序的列表，其各个列表项按照一定的顺序排列。

有序列表的基本语法格式如下：

```
<ol>
    <li>列表项 1</li>
    <li>列表项 2</li>
    <li>列表项 3</li>
</ol>>
```

<ol>是有序列表标记，有序列表的列表项前在浏览器中默认显示数字编号。

【demo10】无序列表和有序列表的使用。

```
1   <!DOCTYPE html>
2   <html lang="en">
3   <head>
4       <meta charset="UTF-8">
5       <meta name="viewport" content="width=device-width, initial-scale=1.0">
6       <title>无序列表和有序列表</title>
7   </head>
8   <body>
9       <h2>特色专辑</h2>
```

```
10        <ul>
11          <li>第十届中国网络视听大会</li>
12          <li>福满银幕 2023 春节档策划专题</li>
13          <li>弘扬社会主义核心价值观 共筑中国梦</li>
14        </ul>
15        <hr/>
16        <h2>单日电影票房排行</h2>
17        <ol>
18          <li>长安三万里</li>
19          <li>八角笼中</li>
20          <li>茶啊二中</li>
21          <li>消失的她</li>
22        </ol>
23      </body>
24    </html>
```

第 10～14 行代码定义了无序列表，第 17～22 行代码定义了有序列表，其运行效果如图 2-9 所示。

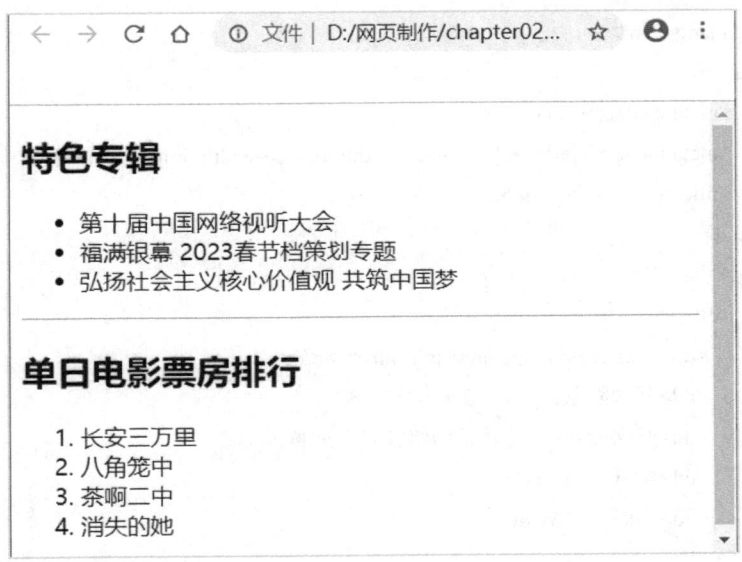

图 2-9　无序列表和有序列表

2.5.3　定义列表

<dl>标记用于描述定义列表，该标记与<dt>和<dd>一起使用。定义列表用于对术语或名词进行解释和描述。

定义列表的基本语法格式如下：

基本语法格式

```
<dl>
    <dt>名词 1</dt>
    <dd>名词 1 解释 1</dd>
    <dd>名词 1 解释 2</dd>
    <dt>名词 2</dt>
    <dd>名词 2 解释 1</dd>
    <dd>名词 2 解释 2</dd>
</dl>>
```

<dl></dl>标记用于指定定义列表。

<dt></dt>标记用于指定术语或名词。

<dd></dd>标记用于对术语或名词进行解释和描述。

<dl>里面只能嵌套<dt>和<dd>，不能包含其他标记和内容。<dt>和<dd>标记里面可以包含任何元素，<dt>和<dd>的个数没有限制，一个<dt>后面通常会有多个<dd>。

【demo11】定义列表的使用。

```
1    <!DOCTYPE html>
2    <html lang="en">
3    <head>
4        <meta charset="UTF-8">
5        <meta name="viewport" content="width=device-width, initial-scale=1.0">
6        <title>定义列表</title>
7    </head>
8    <body>
9        <dl>
10        <dt><img src="img/course.jpg" alt=""></dt>
11        <dd>开课院系：　信息工程学院</dd>
12        <dd>开课专业：　计算机网络技术专业群</dd>
13        <dd>学分：　4</dd>
14        <dd>课时：　56</dd>
15        </dl>
16        <hr>
17        <h3>目录</h3>
18        <dl>
19        <dt>第一章　认知 Office</dt>
20        <dd>任务 1 初识 office 2016</dd>
21        <dd>任务 2 启动和退出 Office 组件</dd>
22        <dd>任务 3 认知 office 2016 组件的工作界面</dd>
```

```
23        </dl>
24    </body>
25    </html>
```

本例使用了定义列表，第 9～15 行代码是一个定义列表，其中，第 10 行代码定义了术语或名词，第 11～14 行是解释。

第 17～23 行代码是一个定义列表，其中第 19 行代码定义了术语或名词，第 20～22 行代码是解释。

此例运行效果如图 2-10 所示。

图 2-10 定义列表

2.5.4 列表嵌套

列表嵌套指列表里面可以包含列表，分类的层次比较多时，可以使用列表嵌套。

【demo12】列表嵌套的使用。

```
1    <!DOCTYPE html>
2    <html>
3    <head>
4        <meta charset="UTF-8">
5        <meta name="viewport" content="width=device-width, initial-scale=1.0">
6        <title>列表嵌套</title>
7    </head>
8    <body>
9        <h4>歌手推荐</h4>
```

```
10      <ul>
11          <li>华语</li>
12          <li>
13              <ul>
14                  <li>周杰伦</li>
15                  <li>程响</li>
16              </ul>
17          </li>
18          <li>欧美</li>
19          <li>日韩</li>
20      </ul>
21  </body>
22  </html>
```

第 10～20 行代码是一个无序列表，第 13～16 行代码是一个内嵌的无序列表，包含在外层列表的<li>标记之内。

本例使用了列表嵌套，运行效果如图 2-11 所示。

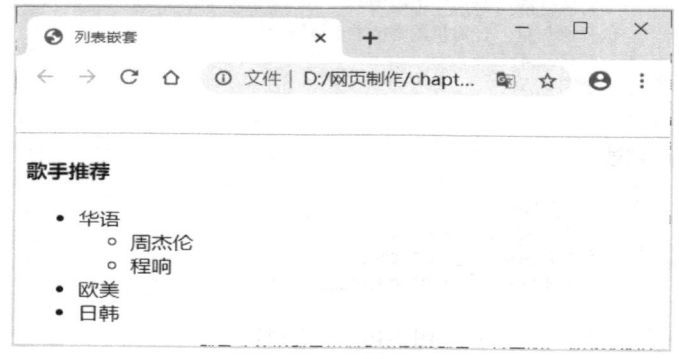

图 2-11　列表嵌套

2.6　案例：制作诗词网页

2.6.1　任务描述

案例：制作诗词页面

"大江东去，浪淘尽，千古风流人物……"《念奴娇·赤壁怀古》雄浑苍凉，大气磅礴，被誉为千古绝唱。下面我们制作"念奴娇·赤壁怀古"诗词网页，网页浏览效果如图 2-12 所示。

网页中有 1 个一级标题(使用<h1>标记)，2 个二级标题(使用<h2>标记)，3 个水平线(使用<hr>标记)、1 个图像(使用<img>标记设置)和 1 个无序列表(使用<ul>和<li>标记设置)，诗词原文和译文内容使用了段落标记(<p>)，标题和副标题水平居中(使用属性 align＝"center"设置)。

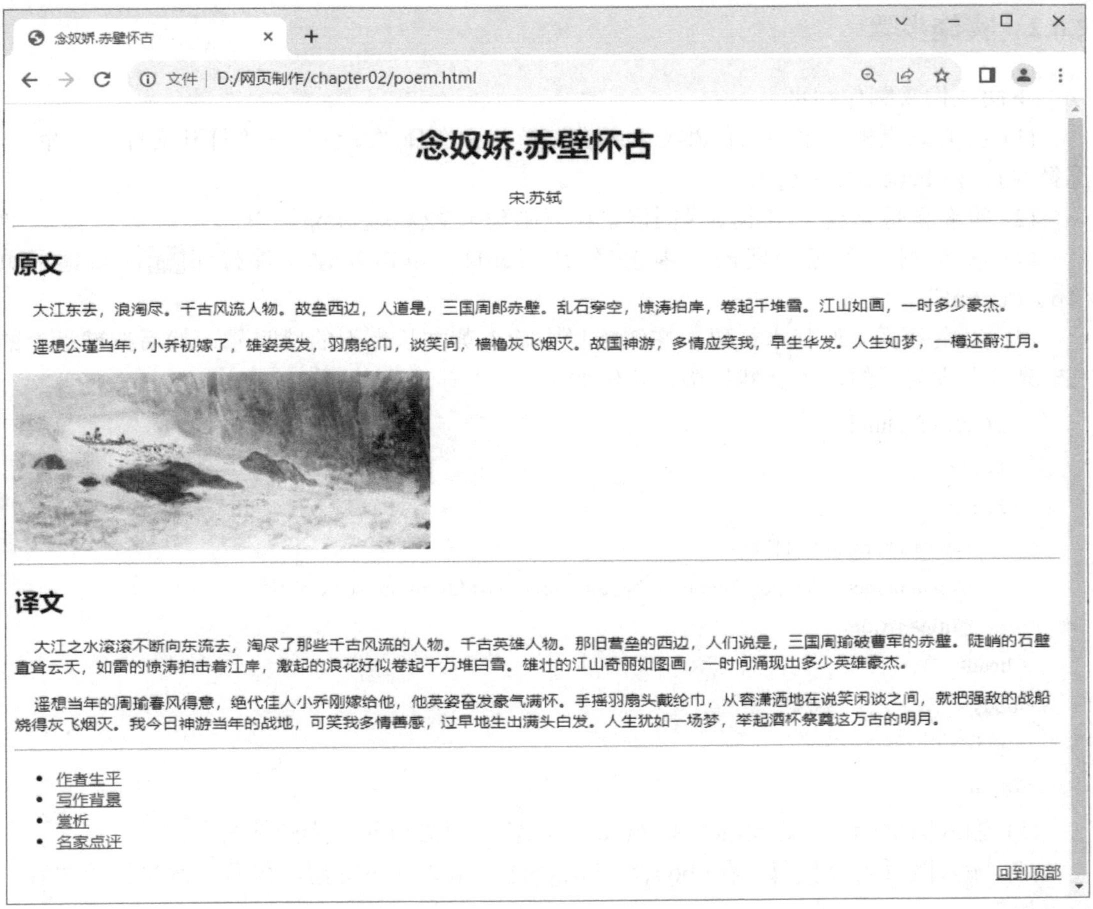

图 2-12　"念奴娇·赤壁怀古"诗词网页效果

列表中文字设置了超链接，当单击"作者生平"时链接到"poem1.html"网页中，如图 2-13 所示。

图 2-13　"作者生平"网页效果图

2.6.2　实施步骤

下面我们来制作网页。

(1) 打开站点根目录。打开 VS Code，在菜单栏中选择"文件"→"打开文件夹"命令，选择并打开 chapter02 文件夹。

(2) 准备图像素材。将本项目图像素材复制到子文件夹"img"中。

(3) 在左侧"资源管理器"中选择 chapter02，单击新建文件按钮，新建网页"poem.html"。

(4) 生成网页文件基本代码。在编辑栏中输入英文状态下的感叹号，然后按键盘上的 Tab 键，生成网页的基本文档结构，代码如下：

```
<!DOCTYPE html>
<html>
<head>
    <meta charset="UTF-8">
    <meta name="viewport" content="width=device-width, initial-scale=1.0">
    <title></title>
</head>
<body>
</body>
</html>
```

(5) 输入网页标题。在<title>和</title>之间输入"念奴娇·赤壁怀古"。

(6) 输入网页内容代码。在<body></body>之间输入如下标题、段落、水平线等内容，代码如下：

```
1   <body>
2       <h1 align="center">念奴娇·赤壁怀古</h1>
3       <p align="center">宋·苏轼</p>
4       <hr/>
5       <h2>原文</h2>
6       <p>    大江东去，浪淘尽。千古风流人物。故垒西边，人道是，三
        国周郎赤壁。乱石穿空，惊涛拍岸，卷起千堆雪。江山如画，一时多少豪杰。</p>
7       <p>    遥想公瑾当年，小乔初嫁了，雄姿英发，羽扇纶巾，谈笑间，
        樯橹灰飞烟灭。故国神游，多情应笑我，早生华发。人生如梦，一樽还酹江月。</p>
8       <img src="img/pic1.png" alt="长江图像" width="550px">
9       <hr/>
10      <h2>译文</h2>
11      <p>     大江之水滚滚不断向东流去，淘尽了那些千古风流的人物。
        千古英雄人物。那旧营垒的西边，人们说是，三国周瑜破曹军的赤壁。陡峭的石壁直耸云天，
        如雷的惊涛拍击着江岸，激起的浪花好似卷起千万堆白雪。雄壮的江山奇丽如图画，一时间
```

	涌现出多少英雄豪杰。</p>
12	<p> 遥想当年的周瑜春风得意，绝代佳人小乔刚嫁给他，他英姿奋发豪气满怀。手摇羽扇头戴纶巾，从容潇洒地在说笑闲谈之间，就把强敌的战船烧得灰飞烟灭。我今日神游当年的战地，可笑我多愁善感，过早地生出满头白发。人生犹如一场梦，举起酒杯祭奠这万古的明月。</p>
13	<hr/>
14	<ul>
15	<li>作者生平</li>
16	<li>写作背景</li>
17	<li>赏析</li>
18	<li>名家点评</li>
19	</ul>
20	<p align="right">回到顶部</p>
21	</body>

第 2 行代码"<h1 align = "center" id = "top">念奴娇·赤壁怀古</h1>"将文本以标题 1 格式显示，并且通过 align = "center" 设置了标题居中对齐。

第 3 行代码"<p align ="center">宋·苏轼</p>"是一个段落标记，align 属性设置了对齐方式为居中 center。

第 4 行代码"<hr/>"会在网页中显示一个水平线。

第 5 行代码"<h2>原文</h2>"和第 10 行代码"<h2>译文</h2>"将文本以标题 2 格式显示。

第 6～7 行代码将文本在段落中显示。

第 8 行代码"<img src = "img/pic1.jpg" alt = "长江图像" width = "550 px">"会在网页中显示 pic1.jpg 图像，width 属性设置了图像宽为 550 px 图像，没有设置图像高，高会随着宽同比例变化。

第 14～19 行代码"<ul>…</ul>"定义了无序列表，里面用<li></li>标记定义列表项。

(7) 在列表项目中添加超链接，通过 href 属性设置"作者生平"链接到"poem1.html"网页，后面三个链接的目的页面没有制作好，可以暂时设置链接地址为"#"。

```
<ul>
    <li><a href="poem1.html">作者生平 </a></li>
    <li><a href="#">写作背景</a></li>
    <li><a href="#">赏析</a></li>
    <li><a href="#">名家点评</a></li>
</ul>
```

(8) 为文档添加锚链接，第 2 行代码<h1 align = "center">念奴娇·赤壁怀古</h1>用 id 属性给标题设置了一个记号：id = "top"，可以作为命名锚记。

```
<h1 align = "center" id = "top">念奴娇·赤壁怀古</h1>
```

在第 20 行段落代码"<p align = "right">回到顶部</p>"段落中添加超链接链接到命名

锚点，链接到命名锚记 top。

```
1    <body>
2        <h1 align="center" id="top">念奴娇·赤壁怀古</h1>
      ……
20   <p align="right"><a href="#top">回到顶部</a></p>
21   </body>
```

(9) 在菜单栏中选择"文件"→"保存"命令或使用快捷键 CTRL＋S 保存文档。

(10) 在菜单栏中选择"运行"→"启动调试"命令或使用快捷键 F5，浏览网页，测试超链接效果。

项 目 小 结

本项目介绍了使用 HTML 在网页中添加常见内容，主要包含以下方面：
◆ 标题、段落等文本标记的使用。
◆ 文本格式化标记和插入特殊字符。
◆ 图像标记、图像标记的常用属性以及图像地址。
◆ 超链接标记和超链接分类。
◆ 无序列表、有序列表、定义列表和列表嵌套。

单元测试与项目实践

1. 选择题

(1) 下列选项中，字号最大的是(   )。
A. <h2>   B. <h1>   C. <p>   D. <h3>

(2) 下列标记中，用来显示段落的标记是(   )。
A. <h1>   B.
           C. <img />   D. <p>

(3) 关于<ul>标记，下列说法正确的是(   )。
A. <ul>用来定义有序列表
B. <ul>标记里面可以直接输入文本，不与<li>标记一起使用
C. <ul>标记必须与<li>标记一起使用
D. <ul>标记里面不能嵌套<ul>标记

(4) 下列选项中，属于常用的图片格式并且能够做动画的是(   )。
A. jpg 格式   B. gif 格式   C. psd 格式   D. png 格式

(5) 下列不是 HTML 中特殊字符的字符转义序列是(   )。
A.   B. <   C. >   D. &tp;

2. 项目实践

本项目学习了在网页中添加标题、段落、图像、超链接、列表等内容，制作了"念奴

娇·赤壁怀古"诗词网页，下面我们通过制作"写作背景"网页，巩固使用 HTML 在网页中添加常见内容的方法。网页浏览效果如图 2-14 所示，单击"返回主页"超链接时，跳转到"念奴娇·赤壁怀古"网页。

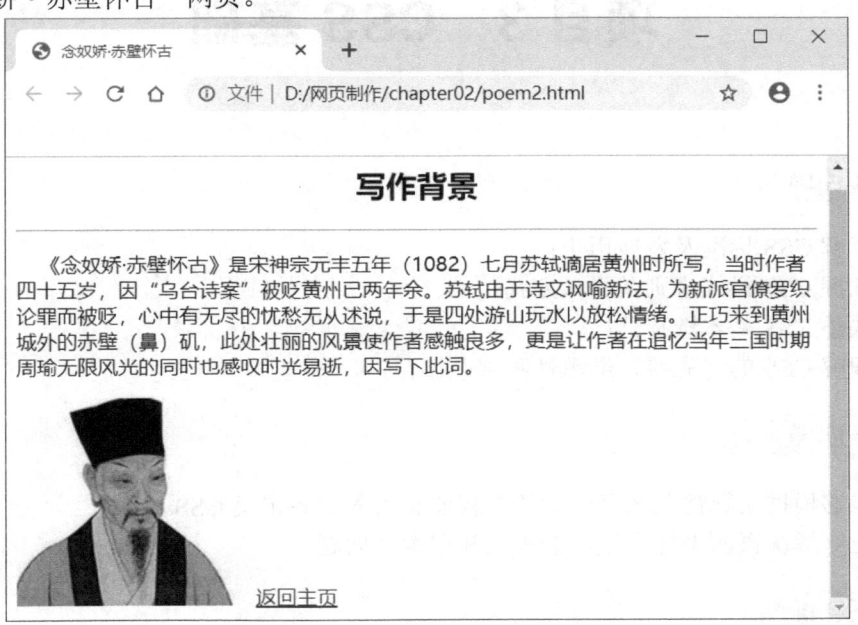

图 2-14 "写作背景"网页效果图

项目 3　CSS 基础

- ◆ 了解 CSS 标准及发展历史；
- ◆ 掌握 CSS 样式规则及引入方式；
- ◆ 熟悉 CSS 基本选择器；
- ◆ 理解 CSS 的优先级、继承性和层叠性。

- ◆ 能够根据实际情况选择合适的选择器和引入方式定义 CSS 样式；
- ◆ 能够解决页面中优先级、继承性和层叠性问题。

- ◆ 通过"药王——孙思邈"页面制作，激发学生向伟大的历史人物学习，树立正确的人生观、价值观，并不断地积极进取、努力奋斗；
- ◆ 通过制作"故宫"网页，使同学们对我国古代建筑有一定的认识，感受中国悠久的历史文化，提升民族自豪感。

　　通过前面的学习和实践，我们已经认识了 HTML 标记，虽然早期的 HTML 中带有一些用于设置样式的标记和属性，但是它们远远不能满足网页设计的要求。CSS 的出现解决了这个问题，它提供了丰富的样式属性，能够精确定义页面样式，并且能够使样式与内容进行分离。本项目通过制作"药王——孙思邈"网页使同学们理解 CSS 的规则，掌握 CSS 引入方式，运用基本 CSS 选择器设置网页样式。最后根据学习内容，同学们制作"故宫"网页。

3.1　CSS 简介

CSS 简介

　　CSS(Cascading Style Sheets)，中文意思是"层叠样式表"，用来描述如何显示 HTML 元素(布局、大小、颜色、间距、边框、背景……)。

　　CSS 是由 W3C 组织负责制定和发布的。1996 年 12 月，W3C 发布了 CSS1.0 规则；1998 年 5 月，W3C 发布了 CSS2.0 规则。

CSS3 的规则于 1999 年开始制定。2001 年 5 月 23 日 W3C 完成了 CSS3 的工作草案。从 CSS3 开始，CSS 规范就被拆成众多模块(module)单独进行升级，或者将新需求作为一个新模块来立项并进行标准化。

3.2　CSS 的核心基础

在 CSS 未被引入页面设计之前，美化传统的 HTML 页面是十分麻烦的。传统的 HTML 有维护困难、标记不足、网页过"胖"、定位困难等问题，引入 CSS 后，CSS 对于网页的整体控制比 HTML 有了突破性的进展，并且方便后期的修改和维护。CSS 的核心需要同学们理解并掌握两个方面的知识点：CSS 样式规则及其引入方式。

3.2.1　CSS 样式规则

CSS 的样式规则是由三个基本部分组成的，即"对象""属性"和"属性值"。其中对象又被称作选择器。

CSS 样式规则

CSS 样式的基本语法格式如下：

基本语法格式

> 选择器{属性 1:属性 1 值; 属性 2:属性 2 值; 属性 3:属性 3 值;}

选择器是用于指定 CSS 样式的 HTML 元素，括号内是对该元素设置的具体样式。其中，属性和属性值以"键值对"的形式出现，用英文":"连接，多个"键值对"之间用英文";"进行分隔。

例如：

```
p{
    font-family:"microsoft yahei";
    font-size:14px;
    color:blue;
}
```

按照书写习惯一般将"选择器、属性和值"都采用小写的方式。

多个属性之间必须用分号隔开，最后一个属性后的分号可以省略，但是为了便于增加新样式最好保留。

如果属性的值由多个单词组成且中间包含空格，则必须为这个属性值加上引号，如果一个属性对应多个属性值，中间用空格隔开。

3.2.2　CSS 引入方式

接下来介绍如何在 HTML 中使用 CSS，包括行内样式、内嵌样式、链接样式。

CSS 引入方式

1. 行内样式

行内样式直接将 CSS 代码写在 HTML 标记中。

行内样式的基本语法格式如下：

基本语法格式

<标记名 style="属性 1:属性值 1；属性 2:属性值 2；属性 3:属性值 3；……">内容</标记名>

【demo1】设置行内样式。

```
1   <!DOCTYPE html>
2   <html lang="en">
3   <head>
4       <meta charset="UTF-8">
5       <meta name="viewport" content="width=device-width, initial-scale=1.0">
6       <meta http-equiv="X-UA-Compatible" content="ie=edge">
7       <title>页面标题</title>
8   </head>
9   <body>
10      <p style="color: #ff0000;font-size: 20px;text-decoration: underline">正文标题 1</p>
11      <p style="color:rgb(0,0,0); font-size: initial">正文标题 2</p>
12      <p style="color:blue;font-size: 25px;font-weight: bolder">正文标题 3</p>
13  </body>
14  </html>
```

第 10~12 行代码可以看到 3 个<p>标记中都使用了 style 属性，并且设置了不同的 CSS 样式。第 10 行段落内容呈现的效果为红色、有下画线、字体大小为 20 px。

第 11 行段落内容呈现的效果为黑色，字体为斜体。

第 12 行段落内容呈现的效果为蓝色，字体大小为 25 px，且字体加粗。

此例运行效果如图 3-1 所示。

图 3-1   设置行内样式运行效果图

2. 内嵌式

内嵌式是指将 CSS 代码集中写在 HTML 文档的<head>头部标记中，并且用<style>标记定义。

内嵌式的基本语法格式如下：

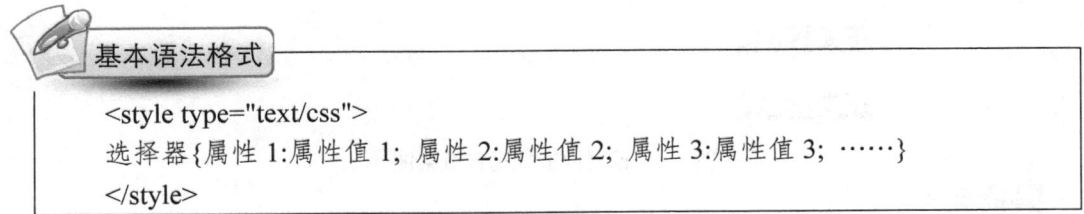

基本语法格式

```
<style type="text/css">
选择器{属性 1:属性值 1；属性 2:属性值 2；属性 3:属性值 3；……}
</style>
```

如果对 demo1 中行内样式的 3 个段落采用内嵌式的方法，即 CSS 代码集中写在<head>头部标记中，则 3 个标记的显示效果将完全相同。

【demo2】设置内嵌式样式。

```
1  <!DOCTYPE html>
2  <html lang="en">
3  <head>
4      <meta charset="UTF-8">
5      <meta name="viewport" content="width=device-width, initial-scale=1.0">
6      <meta http-equiv="X-UA-Compatible" content="ie=edge">
7      <title>页面标题</title>
8      <style type="text/css">
9          p{
10             color:#0000ff;
11             text-decoration: underline;
12             font-size: 25px;
13             font-weight: bolder;
14         }
15     </style>
16 </head>
17 <body>
18     <p >正文标题 1</p>
19     <p >正文标题 2</p>
20     <p >正文标题 3</p>
21 </body>
22 </html>
```

第 8～15 行代码为内嵌式 CSS 样式，所有段落内容颜色全为蓝色，且有下画线，字体大小为 25 px，并且字体加粗。此例运行效果如图 3-2 所示。

图 3-2　设置内嵌式运行效果图

📑**提示**

对于一个拥有很多子页面的网站，如果对不同的子页面上的某个标记都采用同样的样式时，使用内嵌式 CSS 样式就会很繁琐，也不方便维护。内嵌式仅适用于设置特殊页面的单独风格。

3. 链接式

链接式是指将所有的样式放在一个或多个以 .css 为扩展名的外部样式表文件中，通过 <link> 标记将外部样式表文件链接到 HTML 文档中。<link> 标记需要写在 HTML 文档的 <head> 头部标记中。

多个 HTML 页面或者整个网站页面都可以链接同一个 CSS 文件，这样不仅使网站整体风格统一、协调，而且也减少了后期的维护工作量。

链接式的基本语法格式如下：

　基本语法格式

```
<link href="CSS 文件的路径" type="text/css" rel="stylesheet" />
```

【demo3】设置链接样式。

```
1   <!DOCTYPE html>
2   <html lang="en">
3   <head>
4       <meta charset="UTF-8">
5       <meta name="viewport" content="width=device-width, initial-scale=1.0">
6       <meta http-equiv="X-UA-Compatible" content="ie=edge">
7       <title>页面标题</title>
8       <link rel="stylesheet" type="text/css" href="css/style1.css" />
9   </head>
10  <body>
11      <h2 >正文标题 1</h2>
12      <p >正文标题 2</p>
13      <h2 >正文标题 3</h2>
```

```
14      <p >正文标题 4</p>
15    </body>
16 </html>
```

第 8 行代码链接外部 CSS 样式。其引入的 style.css 文件代码如下所示：

```
h2{
    color: #000fff;
}
p{
    color: #000;
    text-decoration: unset;
    font-weight: bolder;
}
```

以上案例 CSS 文件和 html 文件在同一个文件夹下，如果不在同一个文件夹下，href 属性中需要根据实际情况变化。

此例运行效果如图 3-3 所示。

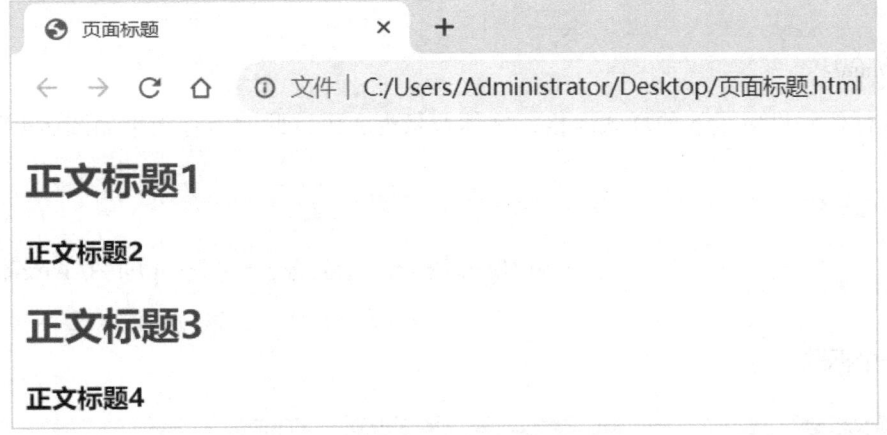

图 3-3　设置链接式运行效果图

3.3　CSS 基础选择器

CSS 基础选择器

CSS 中有很多选择器，我们首先来学习一些基础选择器。基础选择器包括标记选择器、类选择器、ID 选择器和通配符选择器。

1. 标记选择器

标记选择器又称元素选择器，用 HTML 标记名称作为选择器，根据标记名称来选择 HTML 元素。

标记选择器的基本语法格式如下：

基本语法格式

标记名{属性 1:属性 1 值；属性 2:属性 2 值；属性 3:属性 3 值；……}

【demo4】设置标记选择器。

```
1   <!DOCTYPE html>
2   <html>
3     <head>
4       <title>标记选择器</title>
5       <style type="text/css">
6         p{ background-color: #ccc}
7       </style>
8     </head>
9     <body>
10      <h4>这是一个标题</h4>
11      <p>这是一个段落</p>
12    </body>
13  </html>
```

第 6 行代码设置了 p 的样式风格：字体背景为灰色。此例运行效果如图 3-4 所示。

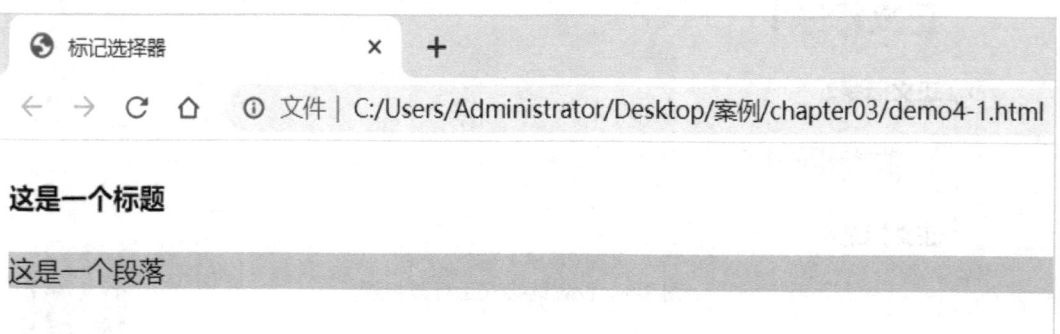

图 3-4　设置标记选择器运行效果图

2. 类选择器

类选择器使用"."(英文点号)进行标识，后面紧跟类名。HTML 标记套用类样式时，需要使用 class＝"类名"。

类选择器的基本语法格式如下：

基本语法格式

.类名{属性 1:属性 1 值；属性 2:属性 2 值；属性 3:属性 3 值；…… }

【demo5】设置类选择器。

```
1  <!DOCTYPE html>
2  <html>
3     <head>
4         <title>类选择器</title>
5         <style type="text/css">
6            .one{
7               font-style: italic;
8            }
9         </style>
10    </head>
11    <body>
12        <h4 >这是一个标题</h4>
13        <p class="one">这是一个段落</p>
14    </body>
15 </html>
```

第 6～8 行代码设置了类选择器 .one 的字体样式为斜体。

第 13 行代码段落 p 通过 class="one"，引用了此类选择器，因此段落 p 中的字体为斜体，此例运行效果如图 3-5 所示。

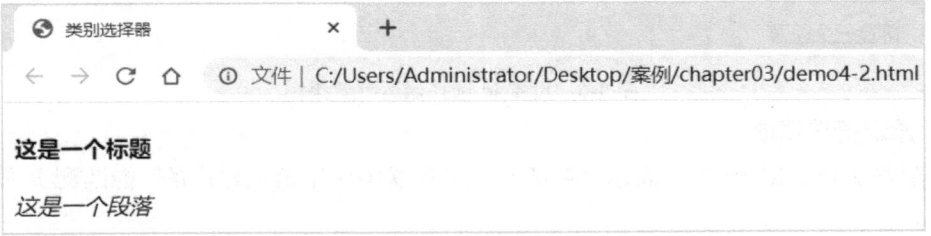

图 3-5　设置类选择器运行效果图

3. ID 选择器

id 选择器的使用方法与类选择器基本相同，在 HTML 标记中只需要利用 id 名就可以直接调用 CSS 中的 id 选择器。id 选择器使用 "#" 进行标识，后面紧跟 id 名。HTML 标记套用 id 样式时，需要使用 id = "id 名"。

ID 选择器的基本语法格式如下：

基本语法格式

#id 名 {属性 1:属性 1 值; 属性 2:属性 2 值; 属性 3:属性 3 值; }

【demo6】设置 id 选择器。

```
1  <!DOCTYPE html>
2  <html>
```

```
3        <head>
4          <title>id 选择器</title>
5          <style type="text/css">
6            #two{
7              text-decoration: underline;
8            }
9          </style>
10       </head>
11       <body>
12         <h4 >这是一个标题</h4>
13         <p id="two">这是一个段落</p>
14       </body>
15  </html>
```

第 6～8 行代码设置了 id 选择器样式：给字体增加下画线，段落 p 通过 id＝"two"引用了此 id 选择器，因此段落 p 中的文字具有下画线。此例运行效果如图 3-6 所示。

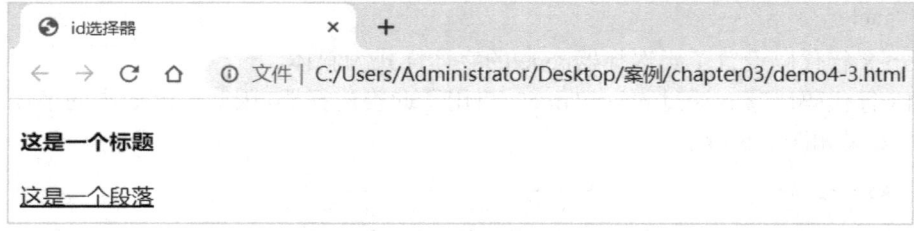

图 3-6   设置 id 选择器运行效果图

4. 通配符选择器

通配符选择器用"＊"号表示，它是所有选择器中作用范围最广的，能匹配页面中所有的元素。

通配符选择器的基本语法格式如下：

 基本语法格式

＊{属性 1:属性 1 值; 属性 2:属性 2 值; 属性 3:属性 3 值; }

【demo7】设置通配符选择器。

```
1   <!DOCTYPE html>
2   <html>
3     <head>
4       <title>通配符选择器</title>
5       <style type="text/css">
6         *{
7           color: blue;
```

```
8                    text-decoration: underline;
9                }
10       </style>
11     </head>
12     <body>
13         <h4 >这是一个标题</h4>
14         <p >这是一个段落</p>
15     </body>
16 </html>
```

第 6~9 行代码设置了通配符选择器的样式：字体颜色为蓝色，且有下画线，匹配文件中的所有元素。此例运行效果如图 3-7 所示。

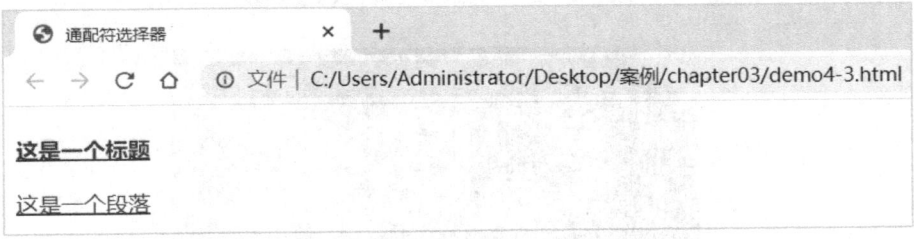

图 3-7　设置通配符选择器运行效果图

除了上述的基础选择器之外，我们经常还会用到后代选择器和并集选择器。

5. 后代选择器

后代选择器又称为包含选择器，其标识是中间有一个空格，把外层标记写在前面，内层标记写在后面，中间用空格分隔。当标记发生嵌套时，内层标记就成为外层标记的后代。

例如：

```
#header a{
    color：#666666;
    }
#nav a{
    color：#0000ff;
    }
```

6. 并集选择器

并集选择器是各个选择器通过逗号连接而成的。若某些选择器定义的样式完全或部分相同，可利用并集选择器为它们定义相同的样式。

例如：

```
#header，#footer{
    width：1200px;
    margin:0 auto;
    }
```

3.4 案例：制作"药王——孙思邈"网页

3.4.1 任务描述

案例：制作"药王——
孙思邈"网页

在我们古代有很多伟大的人物，他们不计个人得失，一辈子默默奉献，以造福民众为己任，把自己的一生奉献给人民，他们是我们学习的榜样，下面我们制作"药王——孙思邈"网页，介绍一位这样的古代医学家。

网页浏览效果如图 3-8 所示。

药王——孙思邈

更新：2022-3-4 16:21:33 发布：大学生必备网

中国医学史上最伟大的人物之一：孙思邈

凡大医治病，必当安神定志，无欲无求，先发大慈恻隐之心，若愿普救含灵之苦。故学者必须博极医源，精勤不倦，不得道听途说，而言医道已了，深自误哉！

【人物简介】

孙思邈终身不仕，隐于山林。亲自采制药物，为人治病。他搜集民间验方、秘方，总结临床经验及前代医学理论，为医学和药物学作出重要贡献。后世尊其为"药王"。

图 3-8 "药王——孙思邈"网页效果图

3.4.2 实施步骤

下面我们来制作网页。

(1) 打开站点根目录。打开 VS Code，选择并打开 chapter03 文件夹。

(2) 准备图像素材。将本项目图像素材复制到子文件夹"img"中。

(3) 新建网页"index.html"。

(4) 生成网页文件基本代码。

(5) 输入网页标题。在<title>和</title>之间输入"药王——孙思邈"。

（6）输入网页内容代码，代码如下：

```
1   <!DOCTYPE html>
2   <html lang="en">
3   <head>
4       <meta charset="UTF-8">
5       <meta name="viewport" content="width=device-width, initial-scale=1.0">
6       <meta http-equiv="X-UA-Compatible" content="ie=edge">
7       <title>药王&mdash;孙思邈</title>
8       <link rel="stylesheet" href="style.css" type="text/css">
9   </head>
10  <body>
11      <h3>药王&mdash;孙思邈</h3>
12      <p class="time center">更新：2022-3-4 16:21:33 发布：大学生必备网</p>
13      <hr>
14      <p class="center"><img src="img/sxm.jpg" ></p>
15      <h4>中国医学史上最伟大的人物之一：孙思邈</h4>
16      <p>
            凡大医治病，必当安神定志，无欲无求，先发大慈恻隐之心，若愿普救含灵之苦。故学者
        必须博极医源，精勤不倦，不得道听途说，而言医道已了，深自误哉！</p>
17      <h5>【人物简介】</h5>
18      <p>
            孙思邈终身不仕，隐于山林。亲自采制药物，为人治病。他搜集民间验方、秘方，总结临
        床经验及前代医学理论，为医学和药物学作出重要贡献。后世尊其为"药王"。</p>
19      <p>
            孙思邈一生勤奋好学，知识广博，深通庄、老学说，知佛家经典，阅历非常丰富，唐初著
        名文学家孟诜、卢照邻等人对他皆以师尊之礼相待。</p>
20      <p>
            孙思邈具有高尚的医德，一切以治病救人为先。他关心人民的疾病痛苦，处处为患者着
        想，对前来求医的人，不分高贵低贱、贫富老幼、亲近疏远，皆平等相待。
            他出外治病，不分昼夜，不避寒暑，不顾饥渴和疲劳，全力以赴。
            临床时，精神集中，认真负责，不草率从事，不考虑个人得失，不嫌脏臭污秽，专心
        救护。</p>
21      <p>
            他提倡医生治病时，不能借机索要财物，应该无欲无求。他这种高尚的医德，实为后世之
        楷模，千余年来，一直受中国人民和医学工作者所称颂，被尊称为"药王"。</p>
22  </body>
23 </html>
```

（7）在<head>标签中添加<link rel = "stylesheet" href = "style.css" type="text/css">， style.css 代码如下：

```
1   *{
2   font-size:20px;
3   color: #333333;
4   }
5   h3{    font-size: 20px;    }
6   h3,h4,h5{color: #336699;}
7   p{text-indent: 2em;}
8   .time{
9       font-size: 18px;
10      color: #aaaaaa;
11  }
12  h3,h4,h5,.center{ text-align: center; }
13  hr{
14      size: 1px;
15      color: #cccccc;
16  }
```

第 1～4 行代码使用通配符选择器定义了页面中所有字体大小及颜色。

第 5～6 行代码定义了标题字体的大小及颜色，"h3, h4, h5{...}"使用并集选择器表示三个标记有共同的样式。

第 7 行代码定义了段落首行缩进。

第 8～9 行代码定义了 .time 类选择器的样式，主页面中引用 .time 时，会呈现相应的效果。

第 12 行代码定义了标题 .center 类选择器字体居中对齐。

第 13～16 行代码定义了横线粗 1 px，颜色为灰色。

(8) 保存、预览网页。

3.5　CSS 的优先级、继承与层叠

CSS 的优先级、
继承与层叠

3.5.1　CSS 的优先级

定义 CSS 样式时，经常出现两个或更多规则应用在同一元素上，这时就会出现优先级的问题。

选择器的优先级从低到高排序为：标记样式 < 类(class)样式 < id 样式 < 行内样式 < !important。

权重分为不同的等级。

第一等级：行内样式，权值为 1000；

第二等级：ID 选择器，权值为 100；

第三等级：calss | 伪类选择器 | 属性选择器，权值 10；

第四等级：标签 | 伪对象选择器，权值 1。

一个复杂的选择器的权重需要计算，如选择器 ul#nav li.active a，它的权重为 1 + 100 + 1 + 10 + 1 = 113。

除此之外，还有一些特殊情况：

- 继承样式的权重为 0；
- 权重相同时，CSS 遵循就近原则；
- CSS 定义了一个!important 命令，该命令被赋予最大的优先级。

【demo8】id 选择器优先级高于类选择器。

```
1   <!DOCTYPE html>
2   <html lang="en">
3   <head>
4       <meta charset="UTF-8">
5       <title>id 优先级高于类别优先级</title>
6       <style type="text/css">
7           #box{
8               width: 100px;
9               height: 100px;
10              background: yellowgreen;
11          }
12          .box{
13              width: 200px;
14              background: red ;
15          }
16          div{
17              margin: 0 auto;
18          }
19      </style>
20  </head>
21  <body>
22      <div class="box" id="box"   >
23      </div>
24  </body>
25  </html>
```

第 7～11 行代码设置了 id 选择器，id 选择器的样式为宽度和高度为 100 px，背景颜色为黄绿色。

第 12～15 行代码设置了类别选择器，宽度为 200 px，颜色背景为红色。

第 22 行代码 div 分别引用了 id 选择器和类选择器，结果显示为 id 选择器的样式，盒子的高度和宽度都为 100 px，颜色为黄绿色。此例运行效果如图 3-9 所示。

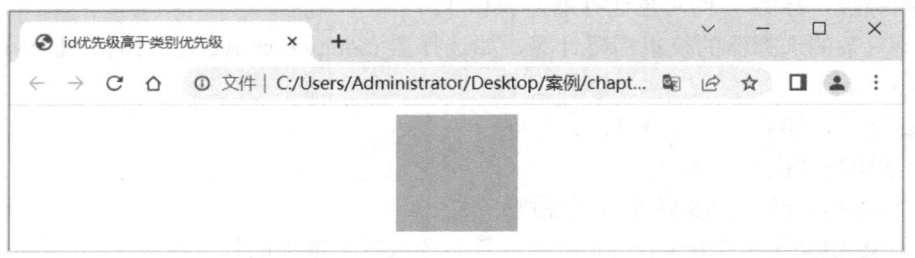

图 3-9　id 选择器优先级高于类选择器的运行效果图

【demo9】行内选择器的优先级高于 id 选择器。

```
1   <!DOCTYPE html>
2   <html lang="en">
3   <head>
4       <meta charset="UTF-8">
5       <title>行内样式的优先级高于 id 选择器</title>
6       <style type="text/css">
7           #box{
8               width: 100px;
9               height: 100px;
10              background: yellowgreen;
11          }
12          .box{
13              width: 200px;
14              background: red ;
15          }
16          div{
17              margin: 0 auto;
18          }
19      </style>
20  </head>
21  <body>
22      <div class="box" id="box" style="background: blue">
23      </div>
24  </body>
25  </html>
```

第 22 行代码引入行内样式，背景颜色为蓝色，盒子颜色显示为蓝色。此例运行效果如

图 3-10 所示。

图 3-10　行内选择器的优先级高于 id 选择器的运行效果图

【demo10】　!important 优先级高于行内选择器。

```
1  <!DOCTYPE html>
2  <html lang="en">
3  <head>
4      <meta charset="UTF-8">
5      <title>!important 优先级高于行内样式</title>
6      <style type="text/css">
7          #box{
8              width: 100px;
9              height: 100px;
10             background: yellowgreen;
11         }
12         .box{
13             width: 200px;
14             background: red !important;
15         }
16         div{
17             margin: 0 auto;
18         }
19     </style>
20 </head>
21 <body>
22     <div class="box" id="box" style="background: blue">
23     </div>
24 </body>
25 </html>
```

第 14 行代码背景后加入了!important 元素，盒子背景颜色变成了红色。此例运行效果
如图 3-11 所示。

图 3-11   !important 优先级高于行内选择器的运行效果图

3.5.2　CSS 的继承性

继承性是指子元素可以继承父元素的属性。

并不是所有的属性都可以继承，不可继承的属性有：display、border、padding、margin、background、height、width、overflow、position、left、right、top、bottom、z-index、float、clear 等。

【demo11】CSS 的继承性。

```
1   <head>
2       <style type="text/css">
3           #box{
4               color:blue;
5           }
6       </style>
7   </head>
8   <body>
9       <div id="box">
10          <p>段落 1</p>
11          <h3>标题 2</h3>
12      </div>
13  </body>
14  </html>
```

第 9 行代码标记<div>父类引用了 id="box"选择器，其里面的子类元素 p、h3 会继承父类引用的样式，使里面的字体颜色为蓝色。此例运行效果如图 3-12 所示。

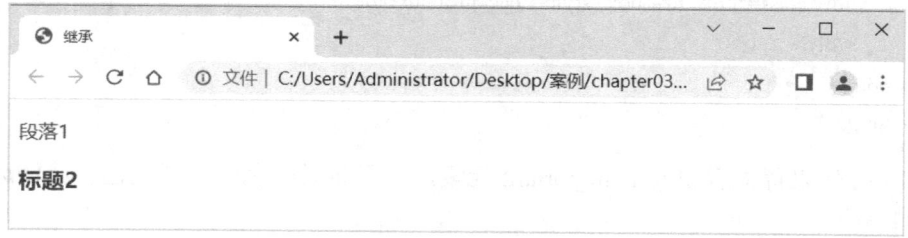

图 3-12   CSS 的继承性运行效果图

3.5.3　CSS 的层叠

　　CSS 层叠是指多种 CSS 样式的叠加，CSS 样式在针对同一元素配置同一属性时，依据层叠规则(权重)来处理冲突，选择应用权重高的 CSS 选择器所指定的属性。

　　【demo12】CSS 的层叠。

```
1    <head>
2        <meta charset="UTF-8">
3        <title>css 的层叠</title>
4        <style type="text/css">
5            a{ font-style: italic;letter-spacing: 10px;}
6            .font{ font-style: normal;background-color: #ccc;}
7        </style>
8    </head>
9  <body>
10       <a href="#" class="font">css 的层叠 1</a><br/>
11       <span class="font">css 的层叠 2<a href="#">css 层叠 3</a></span><br/>
12 </body>
13 </html>
```

　　第 5 行代码设置了 a 标签的字体样式为斜体、字间距为 10 px。

　　第 6 行代码设置了 .font 类选择器的样式，字体为正体，背景颜色为灰色。

　　第 10 行代码"css 的层叠 1"上叠加了 a 标签样式和 .font 类样式，.font 类样式优于 a 标签样式，呈现正体样式，其他不冲突的属性同时生效。

　　第 11 行代码中"css 的层叠 3"呈现斜体，因为虽然 .font 优先级优于 a，但是 a 距离文字更近，所以第二行 CSS 层叠性 3 为斜体。

　　此例运行效果如图 3-13 所示。

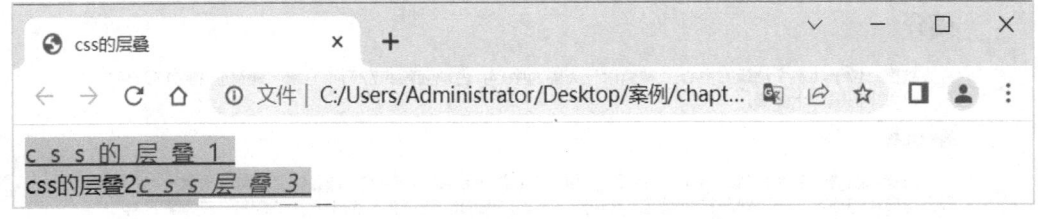

图 3-13　CSS 层叠运行效果图

项 目 小 结

本项目学习了 CSS 基础，主要包含以下内容。

◆ CSS 样式规则及引入方式：行内式、内嵌式、链接式。

◆ 4 种基本的选择器。

◆ CSS 的优先级、继承与层叠。

单元测试与项目实践

1. 选择题

(1) 下列选项中，内嵌式引入 CSS 样式表书写正确的是(　　)。

A. <style type="text/stylesheet"></style>

B. <style type="text/css"></style>

C. <css type="text/style"></css>

D. <css type="text/stylesheet"></css>

(2) <link />标签中，能够定义所链接外部样式表文件 URL 的属性的是(　　)。

A. type B. rel C. href D. style

(3) 在 HTML 中，CSS 样式中文本属性的说法错误的是(　　)。

A. font-weight 用于设置字体的粗细 B. font-family 用于设置文本的字体类型

C. color 用于设置文本的颜色 D. text-align 用于设置文本的字体形状

(4) CSS 属性可以继承的是(　　)。

A. font-size B. margin C. width D. padding

(5) CSS 指的是(　　)。

A. Computer Style Sheets B. Cascading Style Sheets

C. Creative Style Sheets D. Colorful Style Sheets

2. 项目实践

根据本项目所学的内容，运用不同的选择器样式制作"故宫"网页，具体浏览效果如图 3-14 所示。

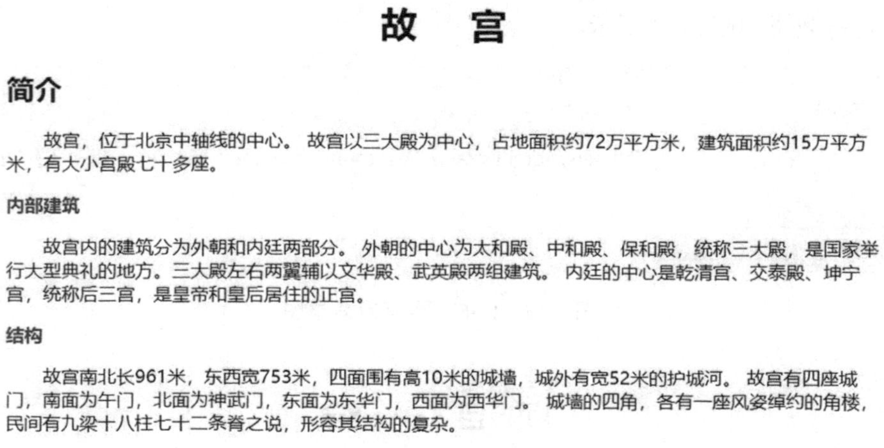

故　宫

简介

　　故宫，位于北京中轴线的中心。 故宫以三大殿为中心，占地面积约72万平方米，建筑面积约15万平方米，有大小宫殿七十多座。

内部建筑

　　故宫内的建筑分为外朝和内廷两部分。 外朝的中心为太和殿、中和殿、保和殿，统称三大殿，是国家举行大型典礼的地方。三大殿左右两翼辅以文华殿、武英殿两组建筑。 内廷的中心是乾清宫、交泰殿、坤宁宫，统称后三宫，是皇帝和皇后居住的正宫。

结构

　　故宫南北长961米，东西宽753米，四面围有高10米的城墙，城外有宽52米的护城河。 故宫有四座城门，南面为午门，北面为神武门，东面为东华门，西面为西华门。 城墙的四角，各有一座风姿绰约的角楼，民间有九梁十八柱七十二条脊之说，形容其结构的复杂。

图 3-14 "故宫"网页效果图

项目4　设置文本字体样式

◇ 知识目标

◆ 熟悉 CSS 字体属性，能够运用相应的属性定义字体样式；
◆ 熟悉 CSS 文本属性，能够运用相应的属性定义文本样式；
◆ 会设置文字阴影效果；
◆ 了解特殊字体的使用。

◇ 能力目标

◆ 会根据网页需求灵活设置文本字体样式。

◇ 思政目标

◆ 通过制作"预防电信诈骗"网页，使同学们了解诈骗手段，增强安全意识。

◇ 任务描述

　　网页中的文本在设置样式之前，看起来有些呆板、拥挤，还需要设置文字大小、颜色、粗细、行距、首行缩进等样式。CSS 提供了字体样式属性、文本外观属性等用来设置文本样式。本项目将通过制作"预防电信诈骗"网页，介绍如何设置 CSS 字体样式属性、文本外观属性、服务器字体、CSS3 新增样式。最后根据学习内容，同学们制作"HTML标记介绍"网页。

4.1　设置字体样式属性

设置字体样式属性

　　设置字体样式的常用属性如表 4-1 所示，通过这些属性可以设置文本字体大小、字体、粗细等。

表 4-1　字体样式属性列表

属性名	描　　述	属性名	描　　述
font-size	定义文本的大小	font-style	定义文本的字体样式
font-family	定义文本的字体	font-variant	定义文本是否为小型的大写字母
font-weight	定义文本的粗细	font	对文本样式进行综合设置，该属性是复合属性

1. font-size

font-size 属性用来设置文本的大小，其基本语法格式如下：

基本语法格式

> 选择器 {font-size：绝对大小 | 相对大小 | 长度 | 百分比;}

例如：

> p{font-size:13px;}

绝对大小：可以设置的值有 xx-small、x-small、small、medium、large、x-large、xx-large，以 medium 作为基础参照。

相对大小：可以设置的值有 smaller、larger，相对于父对象中字号进行调节。

长度：用长度值指定文字大小。长度值有绝对长度单位和相对长度单位。

- 绝对长度单位包括 cm(厘米)、mm(毫米)、in(英寸)、pt(点)、px(像素)等。
- 相对长度单位包括 em、rem 等，em 是指相对于当前对象内文本的尺寸，rem 是指相对于 HTML 根元素文本的尺寸。
- 百分比：用百分比指定字体大小。其百分比取值基于父对象中字体的尺寸。

提示

一般浏览器默认 font-size 值为 16 px；

em 指相对于当前对象内文本的尺寸。若当前对象内文本的尺寸未被人为设置，则 em 指相对于浏览器的默认文本尺寸，1 em = 16 px。

【demo1】设置文本字体大小。

```
1    <!DOCTYPE html>
2    <html lang="zh-cn">
3    <head>
4        <meta charset="UTF-8">
5        <meta name="viewport" content="width=device-width, initial-scale=1.0">
6        <title>字体大小</title>
7        <style>
8            .size1 {font-size: 16px;}
9            .size2 {font-size: 12px;}
10           .size3 {font-size: 1em;}
11           .size4 {font-size: 1.5em;}
12       </style>
13   </head>
14   <body>
15       <p>默认字体大小</p>
16       <p class="size1">16px 字体大小</p>
```

```
17          <p class="size2">12px 字体大小</p>
18          <p class="size3">1em 字体大小</p>
19          <p class="size4">1.5em 字体大小</p>
20          <p class="size2">
21              <span class="size3">段落内 1em 字体大小</span>
22          </p>
23      </body>
24  </html>
```

第 15 行段落代码没有设置文本的大小，使用的是默认文本的大小，常见浏览器显示为 16 px。

第 16 行段落代码套用了类 size1，size1 中设置了文本的大小为 16 px，则段落文本字体的大小为 16 px。

第 17 行段落代码套用了类 size2，size2 中设置了文本的大小为 12 px，则段落文本字体的大小为 12 px。

第 18 行段落代码套用了类 size3，size3 中设置了文本的大小为 1em，body 中未设置文本字体的大小，则 1em 指相对于浏览器的默认文本的尺寸，常见浏览器文本的大小显示为 16 px。

第 19 行段落代码套用了类 size4，size4 中设置了文本大小为 1.5em，即常见浏览器中文本字体大小的 1.5 倍，显示为 24 px。

第 20 行段落代码套用了类 size2，size2 中设置了文本的大小为 12 px，第 21 行 span 标签内容套用了类 size3，size3 中设置了文本大小为 1em，此处 em 指相对于当前对象父元素(段落 p)内文本的尺寸，文本在浏览器中显示为 12 px。

此例浏览效果如图 4-1 所示。

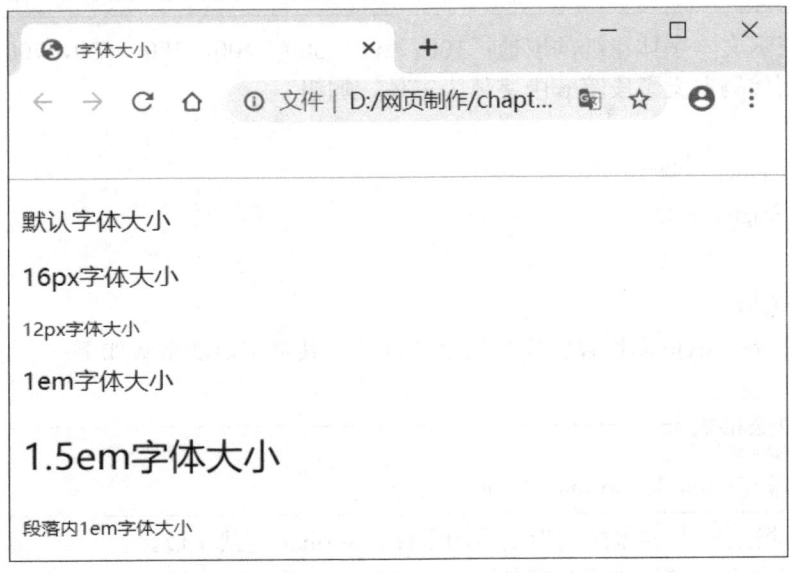

图 4-1　设置文本字体大小

2. font-family

font-family 属性用来设置文本的字体，其基本语法格式如下：

基本语法格式

> 选择器 {font-family: 字体名称 1, 字体名称 2, 字体名称 3;}

字体名称按优先顺序排列，以逗号隔开，浏览器会遍历定义的字体序列，优先使用前面的字体，前面的字体在电脑中没有安装，会遍历后面的字体，直到匹配到某个字体为止。如果所有字体都不匹配(客户端没有安装该字体)，则使用默认字体。

一般字体名称可以不加引号，但中文字体或者英文字体名称包含了空格、数字或者符号(如连接符)，需要加上引号，避免引发错误。

例如：

```
body { font-family: helvetica, verdana, sans-serif; }
p{ font-family:"微软雅黑";}
```

提示

通常情况下，浏览器只能显示本地计算机上已经安装的字体。如果没有安装网页所使用的字体，则会显示默认字体。

3. font-weight

font-weight 用于设置文本的粗细，其基本语法格式如下：

基本语法格式

> 选择器 {font-weight: normal | bold | bolder | lighter |用数字表示文本字体粗细;}

用数字表示文本字体粗细的取值：100，200，300，400，500，600，700，800，900。例如下面代码定义了段落 p 中字体为宋体，加粗。

```
p{
    font-family: "宋体";
    font-weight：bold;
}
```

4. font-style

CSS 通过 font-style 属性设置文本的字体样式，其基本语法格式如下：

基本语法格式

> 选择器 {font-style: normal | italic | oblique;}

normal：指定文本字体样式为正常的字体，normal 是默认值。
italic：指定文本字体样式为斜体。

oblique：指定文本字体样式为倾斜的字体。

italic 和 oblique 都是向右倾斜的文字，但区别在于 italic 是指斜体字，而 oblique 是倾斜的文字。一些不常用的字体，或许就只有正常字体，没有斜体字。对于没有斜体的字体，应该使用 oblique 属性值来实现倾斜的文字效果。

例如：

```
.italic{
        font-family: "宋体";
        font-style：italic；
}
```

5. font-variant

CSS 通过 font-variant 属性设置文本是否为小型的大写字母，其基本语法格式如下：

基本语法格式

> 选择器 {font-variant: normal | small-caps;}

normal：正常的字体。

small-caps：小型的大写字母字体。

例如：

```
p span{font-variant:small-caps;}
```

6. font

CSS 通过 font 属性设置对象中的文本特性，该属性是复合属性，其基本语法格式如下：

基本语法格式

> 选择器 {font: [font-style || font-variant || font-weight]? font-size [/line-height] ? font-family;}

例如：

```
p{font:18px Simsun,arial,sans-serif;}
p{font:italic small-caps bold 18px/2 Simsun,arial,sans-serif;}
```

font-style：指定文本字体样式，是否为斜体。

font-variant：指定文本是否为小型的大写字母。

font-weight：指定文本字体的粗细。

font-size：指定文本字体尺寸。

line-height：指定文本字体的行高。

font-family：指定文本使用某个字体或字体序列。

使用 font 属性参数必须按照如上的排列顺序，且 font-size 和 font-family 是不可省略的。每个参数仅允许有一个值。

4.2　设置文本外观属性

设置文本外观属性

　　设置文本样式的常用属性如表 4-2 所示，通过这些属性可以设置文本颜色、对齐方式、行高、缩进、大小写转换等。

表 4-2　文本属性列表

属 性 名	描　　　述
color	设置文本颜色
text-align	设置文本水平对齐方式
line-height	设置文本行的高度
text-indent	设置块内文本内容的缩进
text-transform	设置文本的大小写转换
text-decoration	设置文本的装饰属性
white-space	设置空白符的处理方式
word-spacing	设置单词之间的间隔
letter-spacing	设置字符之间的间隔

1.　color

color 属性用来设置文本颜色，其基本语法格式如下：

 基本语法格式

　　　选择器{color: 颜色名称 | 十六进制颜色 | rgb 色 | transparent | rgba;}

例如：

p{color:#ff0000;}

注意，用颜色名称指定 color 可能不被一些浏览器接受。

【demo2】设置文本颜色。

```
1    <!DOCTYPE html>
2    <html lang="en">
3    <head>
4        <meta charset="UTF-8">
5        <meta name="viewport" content="width=device-width, initial-scale=1.0">
6        <title>文本颜色设置</title>
7        <style>
8            .color1{color:red;}
9            .color2{color:#00ff00;}
10           .color3{color:rgb(0,0,255);}
```

```
11              .color4{color:rgba(0,0,255,.5)}
12              .color5{color:transparent;}
13          </style>
14      </head>
15      <body>
16          <ul>
17              <li class="color1">用颜色名称设置字体颜色</li>
18              <li class="color2">用十六进制设置字体颜色</li>
19              <li class="color3">用 rgb 设置字体颜色</li>
20              <li class="color4">用 rgba 设置字体颜色</li>
21              <li class="color5">设置字体透明颜色</li>
22          </ul>
23      </body>
24  </html>
```

此例浏览效果如图 4-2 所示。

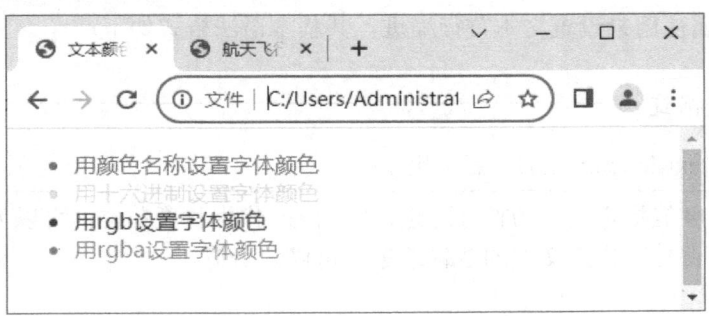

图 4-2　设置文本颜色

2. text-align

text-align 属性用来设置文本水平对齐方式，其基本语法格式如下：

基本语法格式

选择器 {text-align: left | center | right | justify | start | end;}

left：内容左对齐。

center：内容居中对齐。

right：内容右对齐。

justify：内容两端对齐。

start：内容对齐开始边界，如果内容是从左向右方向显示，相当于 left，否则相当于 right。

end：内容对齐结束边界，如果内容是从左向右方向显示，相当于 right，否则相当于 left。

例如：

```
p{text-align:center;}
```

3. line-height

line-height 属性用来设置文本对象的行高，其基本语法格式如下：

基本语法格式

> 选择器 {line-height:normal | 长度 | 百分比|数值;}

normal：默认行高，允许内容顶开或溢出指定的容器边界。
长度：用长度值指定行高，常用 px 或 em 作为长度单位，不允许负值。
百分比：用百分比指定行高，其百分比基于文本的 font-size 进行换算，不允许负值。
数值：用乘积因子指定行高，不允许负值。比如 2 表示 2 倍行高。
例如：

```
div{line-height:20px;}
div{line-height:130%;}
div{line-height:1.5;}
```

4. text-indent

text-indent 属性用来设置文本首行缩进，其基本语法格式如下：

基本语法格式

> 选择器 {text-indent: 长度 | 百分比;}

长度：用长度值指定文本的首行缩进，常用 em 作为长度单位，可以为负值。
百分比：用百分比指定文本的首行缩进，可以为负值。
例如：

```
<p style="text-indent: 2em;">首行缩进 2em</p>
<p style="text-indent: 10%">首行缩进 10%</p>
```

【demo3】设置段落样式。

如图 4-3 所示，水平线上方段落没有设置样式，水平线下方段落设置了字体、颜色、行高、首行缩进等样式。

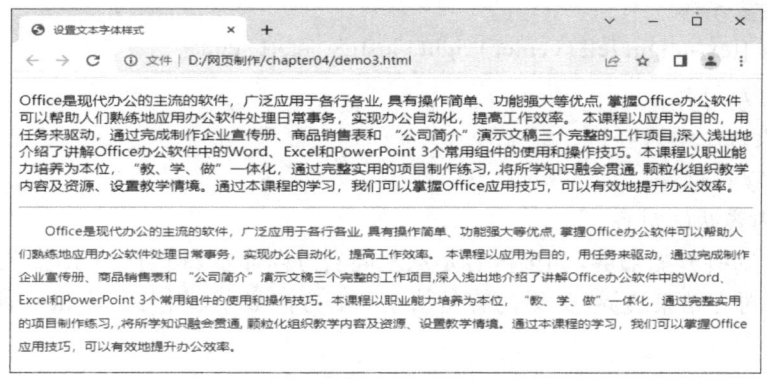

图 4-3　设置段落样式

页面内容代码:

```
1   <!DOCTYPE html>
2   <html lang="en">
3   <head>
4       <meta charset="UTF-8">
5       <meta name="viewport" content="width=device-width, initial-scale=1.0">
6       <title>设置文本字体样式</title>
7   </head>
8   <body>
9       <p>
```

Office 是现代办公的主流的软件，广泛应用于各行各业，具有操作简单、功能强大等优点，掌握 Office 办公软件可以帮助人们熟练地应用办公软件处理日常事务，实现办公自动化，提高工作效率。本课程以应用为目的，用任务来驱动，通过完成制作企业宣传册、商品销售表和"公司简介"演示文稿三个完整的工作项目，深入浅出地介绍了讲解 Office 办公软件中的 Word、Excel 和 PowerPoint 3 个常用组件的使用和操作技巧。本课程以职业能力培养为本位，"教、学、做"一体化，通过完整实用的项目制作练习，将所学知识融会贯通，颗粒化组织教学内容及资源、设置教学情境。通过本课程的学习，我们可以掌握 Office 应用技巧，可以有效地提升办公效率。

```
10      </p>
11      <hr/>
12      <p class="p">
```

Office 是现代办公的主流的软件，广泛应用于各行各业，具有操作简单、功能强大等优点，掌握 Office 办公软件可以帮助人们熟练地应用办公软件处理日常事务，实现办公自动化，提高工作效率。本课程以应用为目的，用任务来驱动，通过完成制作企业宣传册、商品销售表和"公司简介"演示文稿三个完整的工作项目，深入浅出地介绍了讲解 Office 办公软件中的 Word、Excel 和 PowerPoint 3 个常用组件的使用和操作技巧。本课程以职业能力培养为本位，"教、学、做"一体化，通过完整实用的项目制作练习，将所学知识融会贯通，颗粒化组织教学内容及资源、设置教学情境。通过本课程的学习，我们可以掌握 Office 应用技巧，可以有效地提升办公效率。

```
13      </p>
14  </body>
15  </html>
```

在第 7 行</head>前面添加<style>标记，编写 CSS 样式。

CSS 样式代码:

```
1   <style>
2       .p {
3           font: 14px/2 "Microsoft YaHei", SimSun, Arial;
4           color: #313131;
```

```
5                text-indent: 2em;
6            }
7    </style>
```

第 3 行代码使用 font 属性设置了字体大小为 14 px，行高为 2 倍行高，字体为 "Microsoft YaHei"，SimSun，Arial。

第 4 行代码使用 color 属性设置了字体颜色为#313131。

第 5 行代码使用 text-indent 属性定义了首行缩进 2em，即两个字大小。

5. text-transform

text-transform 属性用来设置文本大小写转换，其基本语法格式如下：

 基本语法格式

　　选择器{text-transform: none | capitalize | uppercase | lowercase;}

none：无大小写转换。

capitalize：将每个单词的第一个字母转换成大写。

uppercase：将每个单词转换成大写。

lowercase：将每个单词转换成小写。

例如：

```
span{text-transform:capitalize;}
span{text-transform:lowercase;}
```

6. text-decoration

text-decoration 属性用来设置文本装饰属性，其基本语法格式如下：

 基本语法格式

　　选择器{text-decoration: 线条种类[线条样式] [线条颜色] ;}

线条类型：指定文本装饰的种类。可取值有 none(无修饰)、underline(下画线)、overline(上划线)、line-through (删除线)。

线条样式：指定文本装饰的样式。可取值有 double(双线)、dotted(点线)、dashed(虚线)、wavy(波浪线)。

线条颜色：指定文本装饰的颜色。

例如：

```
.test { -webkit-text-decoration:underline wavy #f00;
     -moz-text-decoration:underline wavy #f00;
      text-decoration:underline wavy #f00;}
```

【demo4】设置文本装饰属性。

```
1    <!DOCTYPE html>
```

```
2   <html lang="en">
3   <head>
4       <meta charset="UTF-8">
5       <meta name="viewport" content="width=device-width, initial-scale=1.0">
6       <title>设置文本装饰属性</title>
7       <style>
8           h5 a {
9               color: #313131;
10              text-decoration: none;
11          }
12          h5 a:hover {
13              color: #ff0000;
14              text-decoration: underline;
15          }
16          .price1 {color: #ff0000;   }
17          .price2 {
18              color: #a1a1a1;
19              text-decoration: line-through;
20              font-size: 12px;}
21          .num {
22              color: #904543;
23              font-size: 12px;}
24      </style>
25  </head>
26  <body>
27      <img src="img/flower.jpg" alt="">
28      <h5><a href="#">友情鲜花系列：粉色玫瑰+满天星</a></h5>
29      <p><span class="price1">￥258.00</span>  <span class="price2">原价
30      500</span>  <span class="num">已售 802</span></p>
31  </body>
32  </html>
```

第 8～11 行代码定义了 h5 内的超链接 a 标记样式，超链接默认格式有下画线。

第 10 行代码定义文本装饰为 none(无装饰)，取消了下画线，效果如图 4-4 所示。

第 12～15 行代码定义了 h5 内的超链接 a 标记在鼠标指向时的样式。

第 14 行代码定义文本装饰为 underline(下画线)，鼠标指向时有下画线，效果如图 4-5 所示。

第 17～21 行代码定义了原价样式。

第 19 行代码定义文本装饰为 line-through(删除线)。

图 4-4　设置文本修饰(鼠标未指向)　　　　图 4-5　设置文本修饰(鼠标指向超链接)

7. white-space

white-space 属性用来设置对象内空格的处理方式，其基本语法格式如下：

 基本语法格式

> 选择器 {white-space: normal | pre | nowrap | pre-wrap | pre-line;}

normal：默认处理方式，文本中的空格、空行无效，满行后自动换行。

pre：预格式化，按文档的书写格式保留空格、空行原样显示，不合并文字间的空白距离，当文字超出边界时不换行。

nowrap：强制在同一行内显示所有文本，合并文本间的多余空白，强制文本不能换行，直到文本结束或者遭遇 br 对象。

pre-wrap：用等宽字体显示预先格式化的文本，不合并文字间的空白距离，当文字超出边界时自动换行。

pre-line：保持文本的换行，不保留文字间的空白距离，当文字超出边界时自动换行。

【demo5】设置对象内空格的处理方式。

```
1   <!DOCTYPE html>
2   <html lang="en">
3   <head>
4       <meta charset="UTF-8">
5       <meta name="viewport" content="width=device-width, initial-scale=1.0">
6       <title>设置对象内空格的处理方式</title>
7   </head>
8   <body>
```

```
9      <p style="white-space: normal;">      测试文本            normal：默认处理方式，文
10     本中的空格、空行无效，满行(到达区域边界)后自动换行。</p>
11     <p style="white-space: pre;">      测试文本            pre：预格式化，按文档的书写
12     格式保留空格、空行原样显示，不合并文字间的空白距离，当文字超出边界时不
13     换行。</p>
14     <p style="white-space: nowrap;">      测试文本            nowrap：强制在同一行内显
15     示所有文本，合并文本间的多余空白，强制文本不能换行，直到文本结束或者遭
16     遇 br 对象。</p>
17     <p  style="white-space:pre-wrap;">      测试文本            pre-wrap：用等宽字体显
18     示预先格式化的文本，不合并文字间的空白距离，当文字超出边界时发生换行。
19     </p>
20     <p style="white-space: pre-line;">      测试文本            pre-line：保持文本的换行，
21     不保留文字间的空白距离，当文字超出边界时发生换行。</p>
22  </body>
23  </html>
```

本例在各个段落的"测试文本"前面有 3 个英文空格，后面有 8 个英文空格，并且每个段落设置了不同的"white-space"属性值。浏览效果如图 4-6 所示。

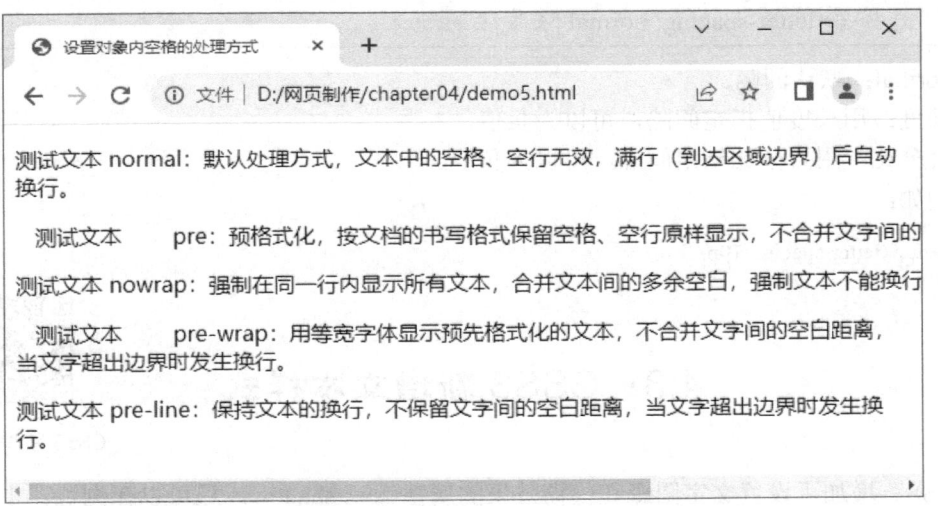

图 4-6　设置对象内空格的处理方式

第 9～10 行段落中"white-space"属性值为"normal"，文本中空格无效，内容自动换行。

第 11～13 行段落中"white-space"属性值为"pre"，不合并文字间的空格，当文字超出边界时不换行。

第 14～16 行段落中"white-space"属性值为"nowrap"，合并文本间的多余空白，强制文本不能换行。

第 17～19 行段落中"white-space"属性值为"pre-wrap"，不合并文字间的空白距离，当文字超出边界时自动换行。

第 20～21 行段落中"white-space"属性值为"pre-line",不保留文字间的空白距离,当文字超出边界时自动换行。

8. word-spacing

word-spacing 属性用来设置单词之间的间隔,其基本语法格式如下:

基本语法格式

> 选择器{word-spacing: normal | 长度|百分比;}

normal:默认间隔。

长度:用长度值指定间隔,可以为负值。

百分比:用百分比指定间隔,可以为负值。

例如:

```
p{word-spacing:10px;}
```

9. letter-spacing

letter-spacing 属性用来设置字符之间的间隔,其基本语法格式如下:

基本语法格式

> 选择器{letter-spacing: normal |长度|百分比;}

normal:默认间隔。

长度:用长度值指定间隔,可以为负值。

百分比:用百分比指定间隔,可以为负值。

例如:

```
.left p{letter-spacing:10px;}
```

4.3　CSS3 新增文本样式

CSS3 新增文本样

CSS3 增加了设置文字阴影和模糊效果的属性 text-shadow,还可以在浏览器中显示本地计算机没有安装的字体。

4.3.1　设置文字阴影和模糊效果

text-shadow 属性用来设置文字阴影和模糊效果,其基本语法格式如下:

基本语法格式

> 选择器{text-shadow: none | 水平偏移值[垂直偏移值] [模糊半径]阴影颜色;}

none 指无阴影。

水平偏移值可以为正值，也可以为负值，正值表示向右偏移，负值表示向左偏移。

垂直偏移值可以为正值，也可以为负值，正值表示向下偏移，负值表示向上偏移。

模糊半径不允许为负值。

如果设置了阴影，阴影颜色不省略。

【demo6】设置文字阴影和模糊效果。

```
1   <!DOCTYPE html>
2   <html lang="en">
3   <head>
4       <meta charset="UTF-8">
5       <meta name="viewport" content="width=device-width, initial-scale=1.0">
6       <title>设置文字阴影和模糊效果</title>
7       <style>
8           body{background-color: #336699;}
9           h1{
10              color:#ffffff;
11              text-shadow: 3px 5px    rgba(0,0,0,.3);
12          }
13          h2{
14              color:#ffd900;
15              text-shadow: 0 0 5px;
16          }
17      </style>
18  </head>
19  <body>
20      <h1>文字阴影效果</h1>
21      <h2>文字模糊效果</h2>
22  </body>
23  </html>
```

第 9～12 行代码定义了标题 1 样式。

第 11 行代码使用"text-shadow"属性设置了文字阴影效果，水平方向向右偏移 3 px，垂直方向向下偏移 5 px，阴影颜色为 rgba(0，0，0)黑色，透明度为 0.3。

第 13～16 行代码定义了标题 2 样式。

第 15 行代码使用"text-shadow"属性设置了文字模糊效果，水平方向偏移 0，垂直方向偏移 0，模糊半径为 5 px。

本例运行效果如图 4-7 所示。

图 4-7   设置文字阴影和模糊效果

4.3.2   使用服务器字体

使用服务器字体可以在浏览器中显示本地计算机所没有安装的字体。

使用服务器字体前首先需要使用@font-face 语法定义服务器字体，其基本语法格式如下：

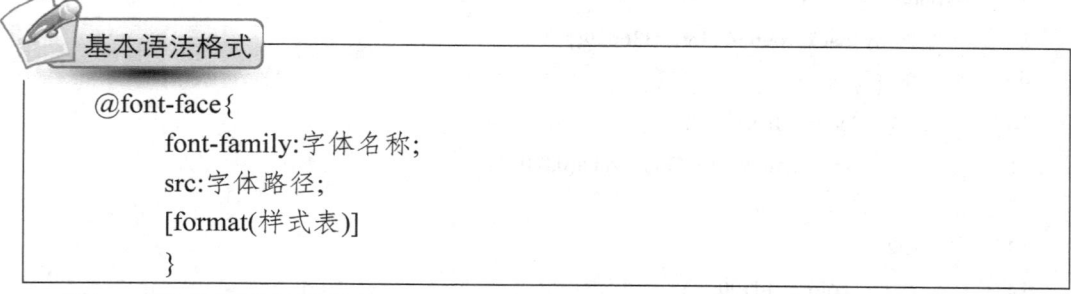

基本语法格式

```
@font-face{
        font-family:字体名称;
        src:字体路径;
        [format(样式表)]
        }
```

【demo7】使用服务器字体。

```
1    <!DOCTYPE html>
2    <html lang="en">
3    <head>
4        <meta charset="UTF-8">
5        <meta name="viewport" content="width=device-width, initial-scale=1.0">
6        <title>使用服务器字体</title>
7        <style>
8            body {background-color: #ffffcc;  }
9            /*定义一种非常用字体，字体文件 broadw.ttf 存放在网站 fonts 文件夹下*/
10           @font-face {
11               font-family: broadw;
12               src: url(fonts/broadw.ttf);
13           }
14           /*定义一种非常用字体，字体文件 shufa.ttf 存放在网站 fonts 文件夹下*/
15           @font-face {
16               font-family: myFont;
17               src: url(fonts/shufa.ttf);
```

```
18            }
19        h1 {
20              font-family: '微软雅黑';
21              color: #ff0000;
22            }
23        .shuzi {
24              font-family: broadw; /*应用自定义字体*/
25              font-size: 72px;
26              font-weight: 600;
27              text-shadow: 5px 3px 3px rgb(0, 0, 0, .6);
28            }
29        p {
30              font-family: myFont; /*应用自定义字体*/
31              color: orange;
32              font-size: 50px;
33              text-shadow: 5px 3px 3px rgb(0, 0, 0, .6);
34            }
35      </style>
36   </head>
37   <body>
38      <h1>庆祝中国共产党成立<span class="shuzi">100</span>周年</h1>
39      <p>奋斗百年路</p>
40      <p>启航新征程</p>
41   </body>
42   </html>
```

第 10～13 行代码定义了服务器字体。

第 11 行代码使用 "font-family: broadw" 指定了字体名称为 "broadw"。

第 12 行代码使用 "src: url(fonts/broadw.ttf)" 指定了该字体所在位置为 fonts 文件夹,对应字体文件为 "broadw.ttf"。

第 15～18 行代码定义了另一种服务器字体。

第 16 行代码使用 "font-family: myFont" 指定了字体名称为 "myFont"。

第 17 行代码使用 "src: url(fonts/shufa.ttf)" 指定了该字体所在位置为 fonts 文件夹,对应字体文件为 "shufa.ttf"。

第 24 行代码在 shuzi 类中使用了自定义字体broadw(这里的名称和自定义字体的名称要一致)。

第 30 行代码在 p 中使用了自定义字体myFont(这里的名称和前面自定义的字体名称myFont 一致)。本例运行效果如图 4-8 所示。

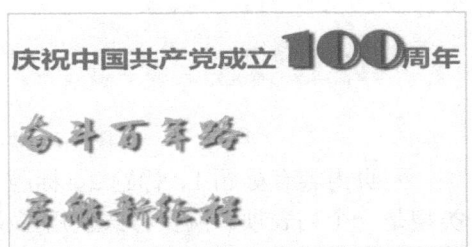

图 4-8   使用服务器字体

📑提示

设置服务器字体需要保证站点中有字体源文件，在定义字体时应使用 src 属性正确指定字体源文件位置。

4.4　案例：制作"预防电信诈骗"网页

4.4.1　任务描述

制作"预防电信诈骗"网页

随着网络技术的不断发展，电信诈骗手段层出不穷。充分了解电信诈骗，能够有效地提高我们的反诈意识，保护财产安全。下面我们制作"预防电信诈骗"页面，网页浏览效果如图 4-9 所示。

预防电信诈骗 打击网络犯罪

大学生安全教育

常见电信诈骗手段

虚假投资理财类型

诈骗分子通过电话和互联网找到有投资理财需求的群体实施诈骗，诈骗分子诱导受害人到第三方投资平台进行投资，这些投资网站已经被诈骗分子掌控，能够随时控制后台数据。一旦受害人投入大量资金，诈骗分子就会操纵平台数据，阻止受害人提现。

冒充公检法类

诈骗分子会打电话，自称是某市公安局"民警"，告知受害人涉嫌违法犯罪，需要受害人积极配合，在交谈过程中，诈骗分子会不断恐吓受害人，不得向任何人透露信息。随后，诈骗分子会向受害人展示伪造的"警官证""逮捕令"等虚假文件证件，骗取受害人的信任。然后，诈骗分子要求受害人把卡内的资金转到指定的"安全账户"。

冒充熟人类

诈骗通过盗号或其他方式假冒他人身份，根据被冒用身份者与受害人之间的社会关系，有针对性地编造"交学费""遇事故需救治或赔偿""病重需手术"等虚假事由，诈骗分子还会通过合成虚假语音片段、制作虚假的病历等证明材料，迷惑受害人，加深受害人的错误认识，继而要求受害人向其进行转账。

冒充电商客服退款理赔类

诈骗分子会冒充电商平台客服，谎称受害人网购的商品出现问题，以退款、理赔、退税等理由，要求受害人私下添加"理赔客服"的微信、QQ，骗取受害人的银行卡号、密码、手机验证码，再将受害人卡里的资金全部转走。

图 4-9　"预防电信诈骗"网页效果图

网页内容有标题 1、标题 2、标题 3 和段落等，诈骗手段使用了无序列表，每一种诈骗类型是一个列表项。网页样式使用了文字阴影和模糊效果，设置了文本颜色、文本字体大小、对齐方式、服务器字体、首行缩进、圆角边框和背景颜色等样式。

4.4.2 实施步骤

下面我们来制作网页。

(1) 打开站点根目录。打开 VS Code,选择并打开 chapter04 文件夹。

(2) 准备图像素材。将本项目的图像素材复制到子文件夹"img"中。

(3) 准备字体文件素材。将本项目的字体文件素材复制到子文件夹"fonts"中。

(4) 新建网页"index.html"。

(5) 生成网页文件基本代码。

(6) 输入网页标题。在<title>和</title>之间输入"预防电信诈骗"。

(7) 输入网页内容代码,代码如下:

```
1   <html lang="ZH-cn">
2   <head>
3       <meta charset="UTF-8">
4       <meta name="viewport" content="width=device-width, initial-scale=1.0">
5       <title>预防电信诈骗</title>
6   </head>
7   <body>
8       <span>安全</span>
9       <img src="img/police.png" alt="" align="right">
10      <h1>预防电信诈骗 打击网络犯罪</h1>
11      <p class="gray">大学生安全教育</p>
12      <hr>
13      <h2>常见电信诈骗手段</h2>
14      <ul>
15      <li>
16      <h3>虚假投资理财类型</h3>
17      <p class="bgray">
        诈骗分子通过电话和互联网找到有投资理财需求的群体实施诈骗,诈骗分子诱导受害人
        到第三方投资平台进行投资……
18      </p>
19      /li>
20      <li>
21      <h3>冒充公检法类</h3>
22      <p>
        诈骗分子会打电话,自称是某市公安局"民警",告知受害人涉嫌违法犯罪,需要受害
        人积极配合,在交谈过程中,诈骗分子会不断恐吓受害人,……
23      </p>
24      </li>
```

```
25        <li>
26        <h3>冒充熟人类</h3>
27        <p>
          诈骗分子通过盗号或其他方式假冒他人身份，根据被冒用身份者与受害人之间的社会关
          系，有针对性地编造"交学费""遇事故需救治或赔偿"……。
28        </p>
29        </li>
30        <li>
31        <h3>冒充电商客服退款理赔类</h3>
32        <p>
          诈骗分子会冒充电商平台客服，谎称受害人网购的商品出现问题，以退款、理赔、退税
          等理由，要求受害人私下添加"理赔客服"的微信、QQ，……
33        </p>
34        </li>
35        </ul>
36    </body>
37    </html>
```

(8) 在项目文件夹 chapter04 下新建子文件夹 style，并在 style 子文件夹下加入常见样式文件 main.css，在样式文件中输入如下代码：

```
1     span {
2          font-size: 46px;
3          border: 2px solid #df021c;
4          border-radius: 20px;
5          text-shadow: 0 0 5px rgba(255, 0, 0, .5);
6     }
7     h1 {
8          text-align: center;
9          font-family: myFont;
10         font-size: 56px;
11         color: #f36d02;
12         text-shadow: 3px 3px 3px rgba(0, 0, 0, .3);
13    }
14    @font-face {
15         font-family: myFont;
16         src: url(../fonts/shufa.ttf);
17    }
18    h2 {
19         text-align: center;
```

```
20          background-color: #f37001;
21          color: #ffffff;
22          width: 260px;
23          line-height: 40px;
24      }
25   h3 {
26          font-size: 20px;
27          color: #df021c;
28      }
29   .gray {
30   font-size: 26px;
31          color: #666666;
32          text-align: center;
33   }
34   li {
35          background-color: #ffeee8;
36          color: #666666;
37          line-height: 2;
38          text-indent: 2em;
39          border-radius: 20px;
40          list-style-type: none;
41      }
```

第 1～6 行代码定义了 span 标记的样式。其中,第 2 行代码定义了字体大小;第 3 行代码定义了边框:粗细为 2 px,实线,颜色为#df021c;第 4 行代码定义了圆角边框;第 5 行代码定义了阴影和模糊效果:阴影水平偏移 0,垂直方向偏移 0,模糊半径为 5 px,颜色为红色(255,0,0),透明度为 0.5,结果是没有阴影效果,有一个模糊发光效果。

第 7～13 行代码定义了 h1 标记的样式。其中,第 8 行代码定义了文本对齐方式为居中;第 9 行代码定义了字体名称为 myFont,myFont 是一种服务器字体;第 10 行代码定义了文字大小;第 11 行代码定义了字体颜色;第 12 行代码定义了阴影和模糊效果。

第 14～17 行代码定义了服务器字体 myFont。my-family 属性指定字体名称为 myFont,src 属性定义了字体文件位置。

第 29～33 行代码定义了类样式 gray,包括字体大小、字体颜色和居中对齐。该类样式在网页中第一个 p 标记上套用。

第 34～41 行代码定义了列表项标记 li 的样式。其中,第 35 行代码定义了背景颜色;第 36 行代码定义了文字颜色;第 37 行代码定义了行高为 2 倍行高;第 38 行代码使用 text-indent 属性定义了首行缩进,缩进值为 2em(两个汉字);第 39 行代码定义了圆角边框;第 40 行代码定义了项目符号为 none(空)。

(9) 在 index.html 文件第 5 行和第 6 行之间添加链接外部 CSS 样式的代码<link rel="stylesheet" href="style/main.css">。

(10) 保存、浏览网页。

4.5　设置超链接样式

设置超链接样式

网页里面有很多超链接，这些超链接可以有不同的样式。其实在设置 CSS 样式之前，网页中的超链接是有默认样式的，如表 4-3 所示。

表 4-3　超链接状态默认样式

状　态	说　明	默认样式
a:link	未被访问的超链接状态	默认文字为蓝色，有下画线
a:visited	已被点击访问的超链接状态	默认文字为紫色，有下画线
a:hover	鼠标悬浮到超链接上时的状态	默认有下画线，鼠标变手形
a:active	鼠标正在点击超链接时的状态	默认文字为红色，有下画线

下面我们学习超链接样式的设置，可以根据需要重写这些样式。

【demo8】设置超链接样式。

```
1   <!DOCTYPE html>
2   <html lang="en">
3   <head>
4       <meta charset="UTF-8">
5       <meta name="viewport" content="width=device-width, initial-scale=1.0">
6       <title>超链接样式</title>
7   <style>
8       /* 未被点击访问过的超链接样式 */
9       .style1 a:link{
10          text-decoration: none;
11          color:  #454545;
12      }
13      /* 已被点击访问过的超链接样式 */
14      .style1 a:visited{
15          text-decoration: none;
16          color:  skyblue;
17      }
18      /* 鼠标悬浮到超链接上时的样式 */
19      .style1 a:hover{
20          text-decoration: none;
21          color:  orange;
22      }
23      /* 鼠标正在点击超链接时的样式 */
```

```
24          .style1 a:active{
25              text-decoration: none;
26              color: pink;
27          }
28          .style2 a{
29              text-decoration: none;
30              color: #51a2da;
31          }
32            .style2 a:hover{
33            color: #ff0000;
34            text-decoration: underline;
35          }
36       </style>
37    </head>
38    <body>
39        <h2>默认超链接样式</h2>
40        <p>
41            <a href="#">人民网</a> | 
42            <a href="#">新华网</a> | 
43            <a href="#">央视</a> | 
44            <a href="#">国际在线</a>
45        </p>
46        <hr>
47        <h2>超链接样式 1</h2>
48        <p class="style1">
49            <a href="#">人民网</a> | 
50            <a href="#">新华网</a> | 
51            <a href="#">央视</a> | 
52            <a href="#">国际在线</a>
53        </p>
54        <hr>
55        <h2>超链接样式 2</h2>
56        <p class="style2">
57            <a href="#">人民网</a>  
58            <a href="#">新华网</a>  
59            <a href="#">央视</a>  
60            <a href="#">国际在线</a>
61        </p>
62    </body>
```

63   </html>

第 8～27 行代码设置了第二个段落 p 中超链接的 4 个状态的样式，未访问时是灰色，访问之后是天蓝色，鼠标悬浮在上面时是橙色，鼠标点击时是粉色。

第 28～35 行代码先设置了第三个段落 p 中 a 选择器的样式(用于所有状态)，即蓝色，没有下画线，然后又设置了鼠标悬浮在超链接上面时的样式，即红色，有下画线。

此例运行效果如图 4-10 所示。

图 4-10   设置超链接样式

📑提示

CSS 定义超链接的四个状态时有一定的顺序，首先定义 link，然后定义 visited，再然后是 hover，最后定义 active。

项 目 小 结

本项目学习了怎样使用 CSS 设置文本字体样式，主要包含以下内容：

◆ 设置字体属性。使用 font-size、font-family、font-weight、font-style 等属性设置文本字体大小、字体、粗细、是否倾斜等样式。

◆ 设置文本属性。使用 color、text-align、line-height、text-indent、text-decoration 等属性设置文本颜色、对齐方式、行高、首行缩进、文本装饰等样式。

◆ 设置文本阴影和模糊效果。text-shadow 属性可以用来设置文本阴影和模糊效果。

◆ 使用服务器字体。使用服务器字体可以在浏览器中显示本地计算机所没有安装的字体，在使用前需要先使用@font-face 语法定义服务器字体。

◆ 最后介绍了超链接的几个状态和超链接样式的设置。

单元测试与项目实践

1. 选择题

(1) 在 CSS 中，用于设置文本居中属性的是(   )。

A. text-decoration　　　B. text-align　　　C. text-transform　　　D. white-space

(2) 在 CSS 中，用于设置首行文本缩进属性的是(　　)。

A. text-decoration　　　B. text-align　　　C. text-transform　　　D. text-indent

(3) 下列设置段落文字阴影效果正确的是(　　)(多选)。

A. p{text-shadow: 3px rgba(0, 0, 0, .2);}

B. p{text-shadow: 3px 2px rgba(0, 0, 0, .2);}

C. p{text-shadow: 3px 2px 3px rgba(0, 0, 0, .2);}

D. p{shadow: 3px 2px 3px rgba(0, 0, 0, .2);}

(4) 下列用于定义服务器字体语法的是(　　)。

A. @import 语法　　　　　　　　B. @font-face 语法

C. @keyframes 语法　　　　　　　D. @font-family 语法

(5) 在 CSS 中，用于设置文本装饰属性的是(　　)。

A. text-decoration　　　B. text-align　　　C. text-transform　　　D. text-overflow

2. 项目实践

本项目学习了文本字体样式的设置，制作了"预防电信诈骗"网页。下面我们制作"HTML 标记介绍"网页，以巩固使用文本字体样式设置网页的方法。网页浏览效果如图 4-11 所示。

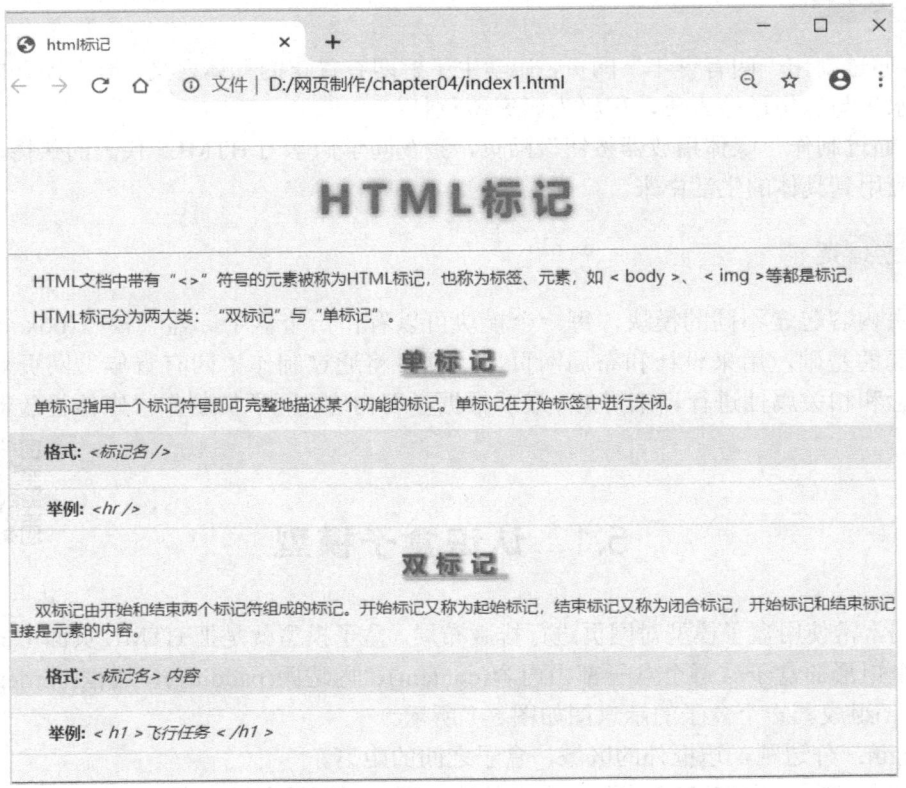

图 4-11　"HTML 标记介绍"网页效果图

项目5 盒子模型

网页内容包含不同的模块，每一个模块可以看作一个盒子。盒子模型(box model)是网页布局的基础，用来设计和布局网页。本项目将通过制作"四有青年"网页对盒子模型的概念和相关属性进行详细讲解。最后根据学习内容，同学们制作"媒体播放器按钮"网页。

5.1 认识盒子模型

认识盒子模型

我们常常使用盒子模型对网页进行排版布局。盒子模型就是把 HTML 页面中的元素看作是一个矩形的盒子。每个盒子都由内容(content)、内边距(padding)、边框(border)和外边距(margin)组成。一个盒子的示意图如图 5-1 所示。

margin：外边距，边框外的区域，盒子之间的距离。

border：边框，围绕在内边距和内容外的边框，相当于盒子本身。

padding：内边距，内容和边框之间的区域。

content：盒子的内容，如显示文本和图像。

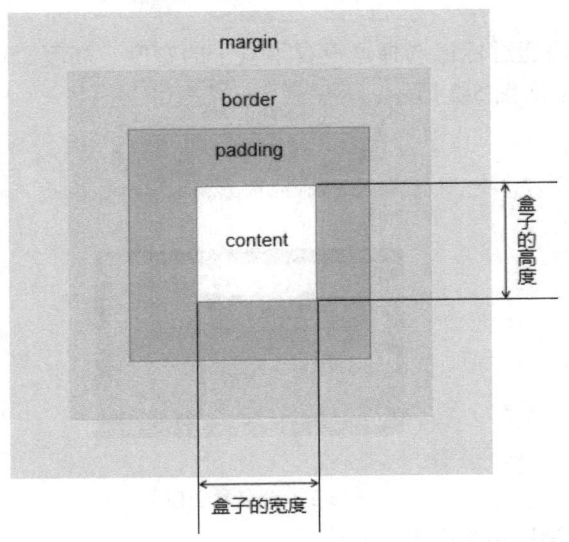

图 5-1　盒子模型示意图

盒子模型的基本语法格式如下：

 基本语法格式

　　盒子内容

【demo1】设置盒子模型。

```
1  <!DOCTYPE html>
2  <head>
3      <title>盒子模型</title>
4      <style type="text/css">
5          div{
6              width: 200px;
7              height: 100px;
8              border: 15px solid blue;
9              margin: 30px auto;
10             padding: 20px;
11             background-color: #ccc;
12             font-size: 20px;
13         }
14     </style>
15 </head>
16 <body>
17     <div>设置盒子的内容</div>
```

```
18 </body>
19 <html>
```

第 5～13 行代码通过标记选择器设置了盒子的宽度、高度、边框、背景颜色、外边距等。本例运行的效果如图 5-2 所示。

图 5-2　设置盒子模型

其实，所有 HTML 元素都可以看作盒子。

例如：

```
p {
    width: 300px;
    border: 25px solid green;
    padding: 25px;
    margin: 25px;
}
<body>
    <p>盒子内容</p>
</body>
<html>
```

段落 p 可以看作盒子模型。

大多数 HTML 标记都可以嵌套在<div>标记中，<div>中还可以嵌套多层<div>。

📑提示

盒子的总宽度＝width＋左右内边距之和＋左右边框宽度之和＋左右外边距之和。
盒子的总高度＝height＋上下内边距之和＋上下边框宽度之和＋上下外边距之和。

5.2　盒子模型常用的属性

盒子模型常用的属性有 border 属性、margin 属性、padding 属性。

border 属性

5.2.1 border 属性

border 用来设置盒子边框，其基本语法格式如下：

基本语法格式

选择器{border: 边框样式 边框宽度 边框颜色;}

例如：

```
<style>
    .set{
        border:5px solid #00ff;
        width: 20%;
    }
</style>
    <div class="set">设定边框</div>
```

通过 .set 类设置了边框样式为 solid 单实线、边框宽度为 5 px，边框颜色为蓝色。其效果如图 5-3 所示。

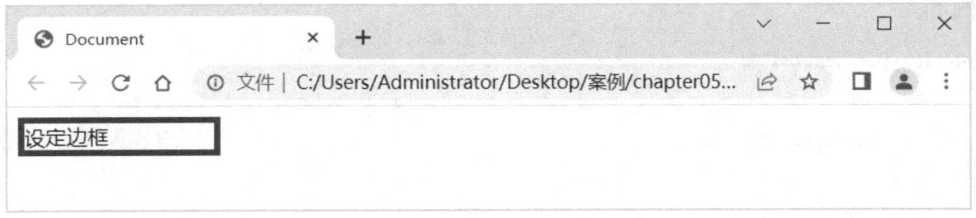

图 5-3 设置盒子边框

📋 提示

边框样式取值：none、hidden、solid、dashed、dotted、double、groove、ridge、inset、outset。

可以使用 border 属性整体设置边框，也可以通过 border-style、border-width 和 border-color 等单独设置边框。边框属性见表 5-1。

表 5-1 边 框 属 性

属 性	描 述
border	整体设置边框样式、边框颜色和边框宽度
border-style	设置元素所有边框的样式
border-width	设置元素所有边框的宽度
border-color	设置元素所有边框的颜色
border-bottom	把下边框的所有属性设置到一个声明中
border-bottom-color	设置元素下边框的颜色

续表

属　性	描　述
border-bottom-style	设置元素下边框的样式
border-bottom-width	设置元素下边框的宽度
border-left	把左边框的所有属性设置到一个声明中
border-left-color	设置元素左边框的颜色
border-left-style	设置元素左边框的样式
border-left-width	设置元素左边框的宽度
border-right	把右边框的所有属性设置到一个声明中
border-right-color	设置元素右边框的颜色
border-right-style	设置元素右边框的样式
border-right-width	设置元素右边框的宽度
border-top	把上边框的所有属性设置到一个声明中
border-top-color	设置元素上边框的颜色
border-top-style	设置元素上边框的样式
border-top-width	设置元素上边框的宽度

例如：

```
<style type="text/css">
    .one{
        border-style: solid;
    }
    .two{
        border-style: solid double;
    }
    .three{
        border-style: solid double dotted;
    }
    .four{
        border-style: solid double dotted dashed;
    }
</style>
<p class="one">边框样式-单实线</p>
<p class="two">边框样式-上下为单实线 左右为双实线</p>
<p class="three">边框样式-上为单实线 左右为双实线 下为点线</p>
<p class="four">边框样式-上为单实线 右为双实线 下为点线 左为虚线</p>
```

one 类设置了边框样式有 1 个值，分别表示上下左右样式为实线；

two 类设置了边框样式有 2 个值，分别表示边框样式上下为单实线，左右为双实线；

three 类设置边框样式有 3 个值，分别表示边框样式上为单实线，左右为双实线，下为点线；

four 类设置边框样式有 4 个值，分别表示边框样式上为单实线，右为双实线，下为点线，左为虚线。

此例中没有设置边框粗细和颜色，取默认值，效果如图 5-4 所示。

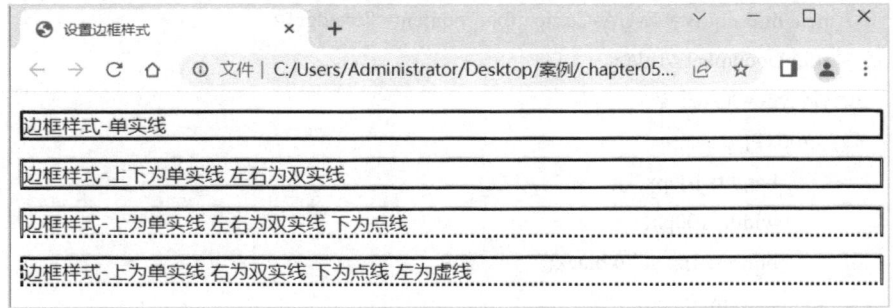

图 5-4 分别设置边框样式

5.2.2 margin 属性

margin 指外边距，其基本语法格式如下：

margin 属性

选择器{margin: 外边距值{1, 4}

外边距值可以设定一个值，两个值，三个值或四个值，也可以 4 个外边距单独设置：margin-top 设置元素的上外边距；margin-right 设置元素的右外边距；margin-bottom 设置元素的下外边距；margin-left 设置元素的左外边距。

例如：

```
1   margin:20px 50px 70px 100px;
2   margin:20px 50px 70px;
3   margin:20px 50px;
4   margin:20px;
5   margin-top:10px;
```

第 1 行代码表示上、右、下、左外边距分别为 20 px、50 px、70 px、100 px。

第 2 行代码表示上外边距为 20 px，左右外边距为 50 px，下外边距为 70 px。

第 3 行代码表示上下外边距为 20 px，左右外边距为 50 px。

第 4 行代码表示上、下、左、右外边距均为 20 px。

第 5 行代码单独设置了上外边距。

当对 div 盒子设置宽度 width 和左右 margin 值为 auto 时，可使盒子水平居中，在实际工作中常用这种方式进行网页布局。

【demo2】设置盒子居中。

```
1   <!DOCTYPE html>
2   <html lang="en">
3   <head>
4       <meta charset="UTF-8">
5       <meta name="viewport" content="width=device-width, initial-scale=1.0">
6       <meta http-equiv="X-UA-Compatible" content="ie=edge">
7       <title>Document</title>
8   <style type="text/css">
9           #box1{
10              height: 100px;
11              width: 100px;
12              border: 1px solid black;
13              margin: 0 auto;
14          }
15      </style>
16  </head>
17  <body>
18      <div id="box1"></div>
19  </body>
20  </html>
```

第 13 行代码将 margin 值设为"0 auto", 上下外边距为 0, 左右边距为自动, 盒子水平居中, 此例运行效果如图 5-5 所示。

图 5-5　设置盒子居中

5.2.3　padding 属性

padding 指内边距, 用于控制内容与边框之间的距离, 其基本语法格式如下:

padding 属性

基本语法格式

选择器{padding: 内边距值{1, 4}

padding 可以有一个值，两个值，三个值或四个值；也可以四个内边距分别设置，padding-bottom 设置元素的下内边距，padding-left 设置元素的左内边距，padding-right 设置元素的右内边距，padding-top 设置元素的上内边距。

例如：

```
1    padding:20px 50px 70px 100px;
2    padding:20px 50px 70px；
3    padding:20px 50px；
4    padding:20px；
```

第 1 行代码表示上、右、下、左内边距分别为 20 px、50 px、70 px、100 px。
第 2 行代码表示上内边距为 20 px，左右内边距为 50 px，下内边距为 70 px。
第 3 行代码表示上下内边距为 20 px，左右内边距为 50 px。
第 4 行代码表示上、下、左、右内边距均为 20 px。

5.2.4　背景属性

1. 背景颜色设置

背景属性

background-color 用来设置盒子的背景颜色，其基本语法格式如下：

　基本语法格式

> background-color:背景颜色

2. 背景图像设置

background-image 用来设置盒子的背景图像，其基本语法格式如下：

　基本语法格式

> background-image: 背景图像

例如：

background-image:url(skin/p_103x196_1.jpg)

3. 背景图像平铺设置

background-repeat 用来设置背景图像平铺效果，其基本语法格式如下：

　基本语法格式

> background-repeat: 背景图像平铺属性

在默认情况下，背景图像会自动向水平和竖直两个方向平铺。如果不希望背景图像平铺，或者只沿着一个方向平铺，可以通过 background-repeat 属性来控制。

background-repeat 属性值及含义如表 5-2 所示。

表 5-2　背景图像平铺属性值

平铺属性值	含　义
repeat	沿水平和竖直两个方向平铺(默认值)
no-repeat	不平铺(图像位于元素的左上角，只显示一次)
repeat-x	只沿水平方向平铺
repeat-y	只沿竖直方向平铺

4. 背景图像位置设置

background-position 用来设置背景图像位置，其基本语法格式如下：

 基本语法格式

> background-position: 图像位置值 1[, 图像位置值 1]

该属性提供两个参数值：第一个用于横坐标，第二个用于纵坐标。

如果只提供一个，该值将用于横坐标，纵坐标将默认为 50%。

- 横坐标值可以为像素值、百分比、left、center、right。
- 纵坐标值可以为像素值、百分比、top、center、bottom。

例如：

```
body{
    background-image: url(img/bg.jpg);
    background-repeat:no-repeat;
    background-position:center bottom;
}
```

5. 固定背景图像设置

background-attachment 用来固定背景图像，其基本语法格式如下：

 基本语法格式

> background-attachment: 背景图像固定属性

固定属性取值有两个，一个为 scroll，代表图像随页面元素一起滚动(默认值)；另一个为 fixed，代表图像固定在屏幕上，不随页面元素滚动。

例如：

```
body{
    background-image: url(img/bg.jpg);
    background-attachment:fixed;
}
```

6. 背景图像大小设置

background-size 用来设置背景图像大小，其基本语法格式如下：

基本语法格式

> background-size:属性值

background-size 的属性值如表 5-3 所示。

表 5-3　背景图像大小属性值

属性值	说　　明
像素值	设置背景图像的高度和宽度。可以有 1～2 个值，第一个值设置宽度，第二个值设置高度。如果只设置一个值，则第二个值会默认为 auto
百分比	以父元素的百分比来设置背景图像的宽度和高度。可以有 1～2 个值，第一个值设置宽度，第二个值设置高度。如果只设置一个值，则第二个值会默认为 auto
cover	把背景图像扩展至足够大，使背景图像完全覆盖背景区域。背景图像的某些部分也许无法显示在背景定位区域中
contain	把图像扩展至最大尺寸，使其宽度和高度完全适应内容区域

7. 多重背景图像设置

在 CSS3 中，通过 background-image、background-repeat、background-position 和 background-size 等属性可以实现多重背景图像效果，各属性值之间用逗号隔开。

【demo3】设置多重背景图像。

```
1  <!DOCTYPE html>
2  <html lang="en">
3  <head>
4      <meta charset="UTF-8">
5      <meta name="viewport" content="width=device-width, initial-scale=1.0">
6      <meta http-equiv="X-UA-Compatible" content="ie=edge">
7      <title>Document</title>
8      <style>
9          div{
10             height: 600px;
11             width: 600px;
12             border: 1px solid black;
13             background-image: url(img/tupian1.jpg),url(img/tupian2.jpg),url(img/JL.png);
14             background-repeat: no-repeat;
15             background-position: left top ,left bottom,right top;
16             text-align: center;
17         }
18     </style>
19 </head>
20 <body>
```

```
21      <div>
22          设置多重背景图像
23      </div>
24 </body>
25 </html>
```

第 13 行代码添加了三个背景图片分别为 tupian1.jpg、tupian2.jpg、JL.png。

第 15 行代码为三个图片设置了位置，分别为左上角、左下角、右上角。

第 16 行代码设置了文字居中。

本例运行的效果如图 5-6 所示。

图 5-6　设置多重背景图像

5.3　行内元素、块元素和行内块元素

HTML 元素有行内元素、块元素和行内块元素。

行内元素、块元素和
行内块元素

5.3.1　行内元素

行内元素有如下特点：仅靠自身的字体大小和图像尺寸来支撑结构，不占有独立的区域，一般不可以设置宽度、高度、对齐等属性。

常见的行内元素有<strong>、<b>、<del>、<s>、<ins>、<em>、<i>、<u>、<a>、<span>等，其中，<span>标记是最典型的行内元素。

5.3.2　块元素

块元素的特点是在页面中以区域块的形式出现，每个块元素通常都会独自占据一整行或多整行，可以对其设置宽度、高度、对齐等属性。

常见的块元素有<p>、<div>、<h1>～<h6>、<ul>、<ol>、<li>等，其中<div>标记是最典型的块元素。

5.3.3 行内块元素

行内块元素的特点：一行可存在多个行内块元素，但它们之间存在空隙；对行内块元素，可以设置 width、height、padding 以及 margin 值，宽度默认随文本内容变化。

常见的行内块元素有<img>、<input>等。

5.3.4 元素的转换

使用 display 属性可以对元素的类型进行转换。

display 的属性值有：inline、block、inline-block、none。

如果元素的 display 值设定为 inline，代表此元素为行内元素，不独占一行，不可以设置高度和宽度。

如果元素的 display 值设定为 block，代表此元素为块元素，独占一行，可以设置高度和宽度。

如果元素的 display 值设定为 inline-block，代表此元素为行内块元素，可以对其设置高度和宽度，并且此元素不会独占一行。

如果元素的 display 值设定为 none，此元素将会被隐藏，不占用页面空间，也不显示。

【demo4】元素的相互转换。

```
1   <!DOCTYPE html>
2   <html lang="en">
3   <head>
4       <meta charset="UTF-8">
5       <meta name="viewport" content="width=device-width, initial-scale=1.0">
6       <meta http-equiv="X-UA-Compatible" content="ie=edge">
7   <title>Document</title>
8   <style type="text/css">
9       div,span{
10          width:200px;
11          height:50px;
12          background:rgb(204, 247, 255);
13          margin:10px;
14       }
15      .div_one{display:inline;}
16      .div_two{display: inline-block;}
17      .span_three{display:block;}
18  </style>
19 </head>
```

```
20 <body>
21      <div class="div_one">第一个 div 中的内容</div>
22      <div class="div_two">第二个 div 中的内容</div>
23      <div class="div_three">第三个 div 中的内容</div>
24      <span class="span_one">第一个 span 中的内容</span>
25      <span class="span_two">第二个 span 中的内容</span>
26      <span class="span_three">第三个 span 中的内容</span>
27 </body>
28 </html>
```

第 15 行代码将第一个 div 块元素设置成了行内元素，无法设定高度和宽度，且不独占一行。

第 16 行代码将第二个 div 块元素设置成了行内块元素，可以设定高度和宽度，但不独占一行。

第 17 行代码将第三个 span 行内元素设置成了块元素，可以设定高度和宽度，独占一行。

本例运行的具体效果如图 5-7 所示。

第一个div中的内容　　第二个div中的内容

第三个div中的内容

第一个span中的内容　　第二个span中的内容
第三个span中的内容

图 5-7　元素的相互转换效果图

5.4　CSS3 新增盒子样式

5.4.1　圆角边框

CSS3 新增盒子样式

圆角边框的基本语法格式如下：

 **基本语法格式**

选择器 {border-radius: [参数 1]{1,4} [/ [参数 2]{1,4}]?

参数值可以用长度值或者百分比值，但不允许负值。

前面的参数表示水平半径，以"/"开始的参数表示垂直半径，若垂直参数省略，则垂直半径值默认等于水平半径参数；允许设置 1～4 个参数值。

　　水平半径：如果提供全部 4 个参数值，将按上左(top-left)、上右(top-right)、下右(bottom-right)、下左(bottom-left)的顺序作用于 4 个角。

　　如果只提供 1 个，将用于全部的四个角。

　　如果提供 2 个，第一个用于上左(top-left)、下右(bottom-right)，第二个用于上右(top-right)、下左(bottom-left)。

　　如果提供 3 个，第一个用于上左(top-left)，第二个用于上右(top-right)、下左(bottom-left)，第三个用于下右(bottom-right)。

　　垂直半径同水平半径一样遵循以上 4 点原则。

　　【demo5】圆角边框。

```
1   <!DOCTYPE html>
2   <html lang="en">
3   <head>
4       <meta charset="UTF-8">
5       <meta name="viewport" content="width=device-width, initial-scale=1.0">
6       <meta http-equiv="X-UA-Compatible" content="ie=edge">
7       <title>Document</title>
8        <style>
9           li {
10              list-style: none;
11              margin: 10px 0 0;
12              padding: 10px;
13              background: #ccc;
14          }
15          .test .one { border-radius: 10px 20px; }
16          .test .two {border-radius: 10px 20px 30px;}
17          .test .three {border-radius: 30px/5px;}
18      </style>
19  </head>
20  <body>
21      <ul class="test">
22          <li class="one">2 个参数<br />border-radius:10px 20px;</li>
23          <li class="two">3 个参数<br />border-radius:10px 20px 30px;</li>
24          <li class="three">水平和垂直半径不同<br />border-radius:30px/5px;</li>
25      </ul>
26  </body>
27  </html>
```

　　第 15 行代码设置了 2 个值，第 16 行代码设置了 3 个值，第 17 行代码设置了 1 个水平半径值和 1 个垂直半径值，并且水平半径值与垂直半径值不相同。本例浏览效果如图 5-8

所示。

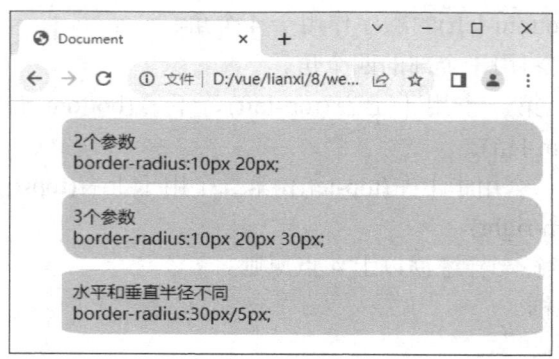

图 5-8　圆角边框

5.4.2　盒子阴影

盒子阴影的基本语法格式如下：

基本语法格式

> box-shadow: 水平偏移　垂直偏移　模糊半径　扩展半径　颜色值　阴影类型;

【demo6】设置盒子阴影效果。

```
1   <!DOCTYPE html>
2   <html>
3   <head>
4   <meta charset="utf-8">
5   <title>box-shadow 属性</title>
6   <style type="text/css">
7   img{
8           padding:20px;
9           border-radius:50%;
10          border:1px solid #ccc;
11          box-shadow:5px 5px 10px 2px #999 inset;
12      }
13  </style>
14  </head>
15  <body>
16      <img class="border" src="img/bg1.png"   />
17  </body>
18  </html>
```

第 11 行代码定义了一个水平和垂直偏移均为 5 px，模糊半径为 10 px，扩展半径为 2 px

的浅灰色内阴影，本例运行效果如图 5-9 所示。

图 5-9　设置盒子阴影效果

5.4.3　渐变背景

CSS3 中增加了颜色的渐变能力，可以实现在两个或多个指定的颜色之间平稳过渡。此前必须使用图片才能实现的效果，现在使用 CSS3 就能非常方便地制作出来。在 CSS3 中，渐变是作为背景图片出现的，其一共定义了两种类型的渐变。

(1) 线性渐变(linear gradient)：颜色向下、向上、向左、向右等方向变化。

(2) 径向渐变(radial gradient)：颜色由渐变的中心向周围变化。

线性渐变的基本语法格式如下：

基本语法格式

　　background-image: linear-gradient(渐变方向，渐变颜色节点)

例如：

```
background-image: linear-gradient(to top, #ffffff, #ff0000);
background-image:linear-gradient(0deg, #ffffff, #ff0000);
background-image: linear-gradient(to right, #ffffff, #ff0000,#ffff00);
```

径向渐变的基本语法格式如下：

基本语法格式

　　background-image: radial-gradient([渐变形状],[渐变大小], [渐变位置],[渐变颜色])

渐变形状值为 ellipse 或 circle：

ellipse(默认)：指定椭圆形的径向渐变；

circle：指定圆形的径向渐变。

渐变大小取值：

farthest-corner(默认)：指定径向渐变的半径长度为从圆心到离圆心最远的角；

closest-side：指定径向渐变的半径长度为从圆心到离圆心最近的边；

closest-corner：指定径向渐变的半径长度为从圆心到离圆心最近的角；

farthest-side：指定径向渐变的半径长度为从圆心到离圆心最远的边。

渐变位置值：水平方向值、垂直方向值。

例如：

background-image: radial-gradient(red, yellow, green);

background-image: radial-gradient(circle at center, red, #b4a078,green);

background-image: radial-gradient(circle at left top, red, #b4a078,green);

background-image: radial-gradient(farthest-side at 60% 55%, blue, green, yellow, black);

【demo7】盒子的渐变背景。

```
1    <!DOCTYPE html>
2    <html>
3    <head>
4        <title>盒子的渐变背景</title>
5        <style type="text/css">
6            #liner {
7                width: 500px;
8                height: 100px;
9                line-height: 100px;
10               padding: 5px;
11               text-align: center;
12               font-size: 20px;
13               margin: 20px;
14               color: #ffffff;
15               background-image: linear-gradient(to left, #555, #ff0);
16           }
17           #radial {
18               width: 300px;
19               height: 300px;
20               border-radius: 50%;
21               line-height: 300px;
22               text-align: center;
23               font-size: 20px;
24               margin: 20px;
25               color: black;
26               background-image: radial-gradient(circle, #ff0, #555);
27           }
28       </style>
29   </head>
30   <body>
31       <div id="liner">设置一个 div 元素渐变背景</div>
32       <div id="radial">设置一个 div 元素渐变背景</div>
33   </body>
34   </html>
```

第 15 行代码设置了线性渐变，方向从右向左，颜色是从深灰色到黄色。

第 26 行代码设置了径向渐变，形状为圆形，渐变中心位置省略，颜色是从黄色到深灰色。本例运行效果如图 5-10 所示。

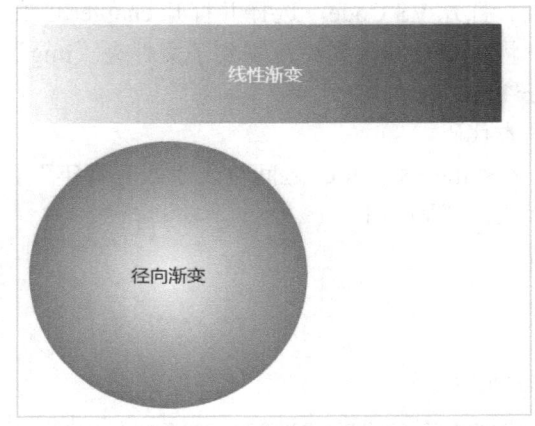

图 5-10　盒子的渐变背景

5.5　案例：利用盒子模型制作"四有青年"网页

5.5.1　任务描述

"四有青年"网页制作

青年是整个社会力量中最积极、最有生气的力量，国家的希望在青年，民族的未来在青年。中国青年始终是实现中华民族伟大复兴的先锋力量，我们要立志成为有理想、有道德、有文化、有纪律的四有青年，为人民作贡献，为祖国作贡献，为人类作贡献。下面我们来制作"四有青年"网页，网页浏览效果如图 5-11 所示。

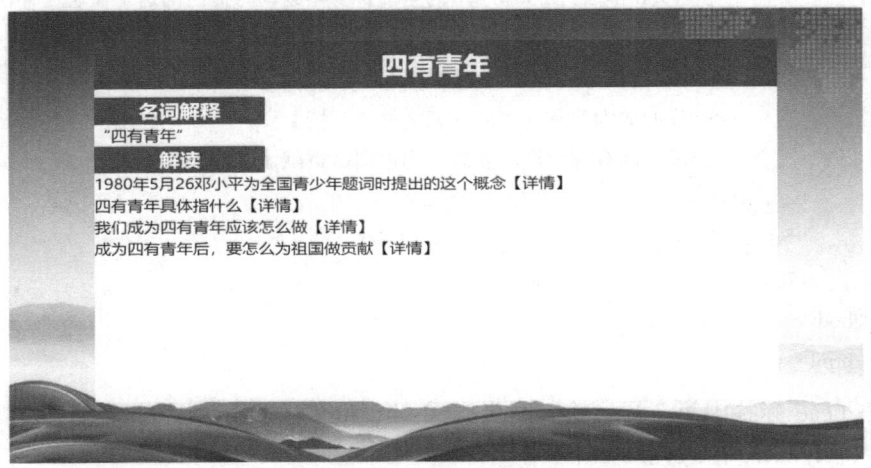

图 5-11　"四有青年"网页效果图

5.5.2　实施步骤

(1) 打开站点根目录。打开 VS Code，选择并打开 chapter05 文件夹。

(2) 准备图像素材。将本项目图像素材复制到子文件夹"img"中。

(3) 新建网页"index.html"。

(4) 生成网页文件基本代码。

(5) 输入网页标题。在<title>和</title>之间输入"四有青年"。

(6) 输入网页内容代码，代码如下：

```
1    <!DOCTYPE html>
2    <html lang="en">
3    <head>
4        <meta charset="UTF-8">
5        <meta name="viewport" content="width=device-width, initial-scale=1.0">
6        <meta http-equiv="X-UA-Compatible" content="ie=edge">
7        <title>四有青年</title>
8    </head>
9    <body>
10       <div id="main" >
11       <div class="box1">
12           <h2>四有青年</h2>
13           <div class="box2">
14               <h3>名词解释</h3>
15               <p>"四有青年"</p>
16               <h3>解读</h3>
17               <p> 1980 年 5 月 26 邓小平为全国青少年题词时提出的这个概念【详情】
18               </p>
19               <p>四有青年具体指什么【详情】</p>
20               <p>我们成为四有青年应该怎么做【详情】</p>
21               <p>成为四有青年后，要怎么为祖国做贡献【详情】</p>
22           </div>
23       </div>
24       </div>
25   </body>
26   </html>
```

(7) 在 head 标签中第 7 行后输入网页样式<link href = "style.css" rel = "stylesheet" type = "text/css">。style.css 样式代码如下：

```
1    *{
```

```
2          padding: 0;
3           margin: 0;
4      }
5      #main{
6          background-image: url(img/1.jpg);
7          background-repeat: no-repeat;
8          width: 1000px;height: 600px;
9          padding: 40px 0px;
10          }
11      .box1{
12          background-color: #fff;
13          width: 80%;
14          height: 80%;
15          margin: 0px auto;
16          }
17      .box1 h2{
18          text-align: center;
19          background-color: #DC0607;
20          font-size: 2em;
21          line-height: 2em;
22          color: #fff;
23          }
24      .box2{
25          padding: 40px;
26          }
27      .box2 h3{
28          font-size: 1.5em;
29          line-height: 1.5em;
30          background-color: #DC0607;
31          color: #fff;
32          text-align: center;
33          width: 200px;
34          margin: 10px 0px;
35          }
36      .box2 p{
37          font-size: 1.2em;
38          line-height: 1.5em;
39          }
```

(8) 保存、预览网页。

5.6　表 格 元 素

CSS 中的基本表格元素

网页中有时使用表格展示结构化数据。一个表格包含若干行，每一行又包含若干列，表格列称为单元格。表格的标签为<table>，表格标题的标签为<caption>，表格行标签为<tr>，标题单元格标签为<th>，普通单元格标签为<td>。

【demo8】基本表格设置。

```
1  <!DOCTYPE html>
2  <html lang="en">
3  <head>
4      <meta charset="UTF-8">
5      <meta name="viewport" content="width=device-width, initial-scale=1.0">
6      <meta http-equiv="X-UA-Compatible" content="ie=edge">
7      <title>Document</title>
8  </head>
9  <body>
10     <table border="2" cellpadding="20" cellspacing="5" bgcolor="#eeeeee">
11         <caption>期末考试成绩单</caption>
12         <tr>
13             <th>姓名</th> <th>物理</th> <th>化学</th> <th>数学</th>
14             <th>总分</th>
15         </tr>
16         <tr>
17             <th>张三</th> <td>32</td> <td>17</td> <td>14</td> <td>63</td>
18         </tr>
19         <tr>
20             <th>李四</th> <td>28</td> <td>16</td> <td>15</td> <td>59</td>
21         </tr>
22         <tr>
23             <th>王五</th> <td>26</td> <td>22</td> <td>12</td> <td>60</td>
24         </tr>
25     </table>
26 </body>
27 </html>
```

第 10 行代码 border 属性设置了表格边框值，cellpadding 属性设置了单元格和内容间的内边距，cellspacing 属性设置了单元格之间的距离，bgcolor 属性设置了背景颜色，也可以使用 CSS 设置这些样式。本例浏览效果如图 5-12 所示。

期末考试成绩单

姓名	物理	化学	数学	总分
张三	32	17	14	63
李四	28	16	15	59
王五	26	22	12	60

图 5-12　基本表格样式

5.7　HTML5 新增文档结构元素

HTML5 新增文档
结构元素

为了更好地表达 HTML 文档和语义，HTML5 新增加了许多用于表达文档结构方面的元素，主要有 header、footer、section、nav、aside 和 article 等元素。

- <header>定义页眉，一般放置在页面的顶部，或者页面中某个区块元素的顶部。
- <footer>定义页脚，一般被放置在页面的底部，或者页面中某个区块元素的底部。
- <section>定义页面中的一个内容区块，一个 section 元素通常由内容和标题组成，可以和 h1、h2…等元素结合起来使用，表示文档结构。
- <nav>表示页面中导航链接的部分，并且将具有导航性质的链接划分在一起，使代码结构在语义化方面更加准确，方便开发人员阅读。
- <aside>标签表示一个和其余页面内容几乎无关的部分，是独立于该内容的一部分并且可以被单独地拆分出来而不会使整体受影响，可用作文章的侧边栏或者标注；<aside>标签使页面设计变得容易，并增强了 HTML 文档的清晰度；它使我们能够很容易地识别主文本和次文本。
- <article>表示页面中一块与上下文不相关的独立内容，比如一篇文章。article 可以看作一种特殊类型的 section 元素，它比 section 的独立性更强。

【demo9】用 HTML5 新增文档元素布局网页

```
1 <!DOCTYPE html>
2 <html lang="en">
3 <head>
4     <meta charset="UTF-8">
5     <meta name="viewport" content="width=device-width, initial-scale=1.0">
6     <title>网页布局</title>
```

```css
7    <style>
8        * {
9            font-size: 24px;
10           margin: 0;
11           padding: 0;
12       }
13       header,
14       footer,
15       .main {
16           width: 1000px;
17           margin: 5px auto;
18           height: 100px;
19           background-color: gray;
20       }
21       .main {
22           overflow: hidden;
23           height: 300px;
24       }
25       .main>* {
26           float: left;
27           height: 100%;
28       }
29       .main>nav,
30       .main>aside {
31           width: 25%;
32           background-color: salmon;
33       }
34       .main>section {
35           width: 50%;
36           height: 300px;
37       }
38       section header,
39       section footer {
40           background-color: green;
41           height: 50px;
42       }
43       section article {
44           background-color: rgb(91, 159, 207);
45           height: 200px;
```

```
46          }
47      </style>
48  </head>
49  <body>
50      <header>页面头部 header 区域</header>
51      <div class="main">
52          <nav>左侧导航 nav 区域</nav>
53          <section>
54              <header>主要内容区块顶部 header 区域</header>
55              <article>独立内容 article 区域</article>
56              <footer>主要内容区块底部 footer 区域</footer>
57          </section>
58          <aside>侧边栏 aside 区域</aside>
59      </div>
60      <footer>页面底部 footer 区域</footer>
61  </body>
62  </html>
```

本例浏览效果如图 5-13 所示。

图 5-13　用 HTML5 新增文档元素布局网页

项 目 小 结

本项目学习了盒子模型的属性及其用法，主要包含以下内容：

◆ 盒子模型的定义。

◆ 盒子模型的相关属性。

◆ 行内元素、块元素和行内块元素。

◆ CSS3 新增盒子样式(包括圆角边框、盒子阴影和渐变背景)。

◆ HTML5 新增文档结构元素(包括 header、footer、section、nav、aside 和 article)。

单元测试与项目实践

1. 选择题

(1) HTML5 新增的标签有(   )。

A. header   B. nav   C. footer   D. section

(2) 给 div 盒子设置鼠标经过变圆角的属性是(   )。

A. box-sizing   B. box-shadow   C. border-radius   D. border

(3) 下列选项中，属于盒子模型组成部分的是(   )。

A. content   B. border   C. padding   D. margin

(4) 下列选项中，设置背景图完全覆盖背景区域的取值为(   )。

A. cover   B. length   C. percentage   D. contain

(5) 下列选项中，设置外阴影且阴影在盒子右侧的选项是(   )。

A. box-shadow: 7 px -4 px 10 px #000 inset；

B. box-shadow: -7 px 4 px 10 px #000；

C. box-shadow: 7 px 4 px 10 px #000 inset；

D. box-shadow: 7 px -4 px 10 px #000；

2. 项目实践

本项目学习了盒子模型及相关属性，并且制作了"四有青年"网页，根据本项目的学习内容，制作"媒体播放器按钮"网页，具体浏览效果如图 5-14 所示。

图 5-14 "媒体播放器按钮"网页效果图

项目6　元素的浮动和定位

◇　知识目标

- ◆ 理解元素的浮动，能为元素设置浮动效果；
- ◆ 熟悉清除浮动的方法，可以使用不同方法清除浮动；
- ◆ 掌握元素的定位方法。

◇　能力目标

- ◆ 会使用浮动和清除浮动进行多样化页面布局；
- ◆ 会使用定位设置元素的定位方式，对网页内容进行精确定位。

◇　思政目标

通过制作环保网页，传播环境保护意识。

◇　任务描述

在默认情况下，网页中的元素会按照从上到下或从左到右的顺序排列，如果仅仅按照这种默认的方式进行布局，网页就会显得单调。为了使网页的布局更加丰富、合理，可以使用 CSS 对元素设置浮动和定位属性。本项目将通过制作环保网页对元素的浮动和定位进行详细讲解。最后根据学习内容，同学们制作"旅游之家"网页。

6.1　元素的浮动

网页中的内容除了可以上下布局，还可以左右布局，或者上下、左右混合布局，如图 6-1 所示，总体是左右布局，左侧是课程名称等信息，右侧是学习人次等信息。右侧内容又分上下两部分，上面是学习人次、我的收藏和精选留言，下面是结束学习。使用浮动属性可以实现网页的灵活布局。

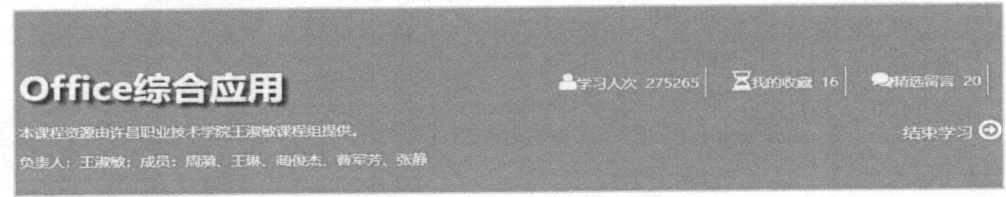

图 6-1　混合布局

6.1.1 设置浮动效果

CSS 提供了 float 属性用来设置浮动效果，从而实现灵活布局，其基本语法格式如下：

设置浮动效果

 基本语法格式

> 选择器{float :none | left | right;}

none：设置对象不浮动，none 是默认值；

left：设置左浮动，内容向左边对齐；

right：设置右浮动，内容向右边对齐。

例如：

```
.left{
    width:35%;
    float:left;
}
.right{float:right;}
```

【demo1】设置浮动布局效果。

```
1    <!DOCTYPE html>
2    <html lang="en">
3    <head>
4        <meta charset="UTF-8">
5        <meta name="viewport" content="width=device-width, initial-scale=1.0">
6        <title>郁金香花语</title>
7        <style >
8            h2 {
9            color: darkorange;
10           text-align: center;}
11           .team {
12               margin: 20px auto;
13               width: 900px;}
14           .item {
15               float: left;
16               width:290px;
17               margin-right: 10px;}
18           .item>img {
19               width: 280px;
20               border-radius: 10px;}
```

```
21              .item h4 {
22                  color: darkorange;
23                  margin: 0;
24                  text-align: center;}
25              .item p {
26                  text-indent: 2em;
27                  font-size: 13px;
28                  text-align: left;}
29          </style>
30      </head>
31      <body>
32          <h2>郁金香花语</h2>
33          <div class="team">
34              <div class="item">
35              <img src="img/flower1.jpg" alt="">
36              <h4>黄色郁金香</h4>
37              <p>黄色郁金香新鲜、明亮、充满活力，代表友谊、尊敬、祝福等</p>
38          </div>
39              <div class="item">
40              <img src="img/flower2.jpg" alt="">
41              <h4>粉色郁金香</h4>
42              <p>粉色郁金香温和、优雅，代表感谢、祝福、感恩、友情等</p>
43          </div>
44              <div class="item">
45              <img src="img/flower3.jpg" alt="">
46              <h4>橙色郁金香</h4>
47              <p>橙色郁金香代表永恒的爱和美好的回忆</p>
48          </div>
49          </div>
50      </body>
51  </html>
```

第 15 行代码在类 item 中设置了 float 属性值为 left(左浮动，内容向左边对齐)，套用 item 类的三个 div 盒子从左向右排列，如图 6-2 是未设置浮动时的效果，盒子从上到下排列，图 6-3 是设置了左浮动之后的效果，盒子从左到右排列。

第 13 行代码 "width: 900 px;" 设置了 team 类的宽度为 900 px，外面的 div 套用了 team 类，宽度为 900 px。第 16 行代码 "width:290 px;" 设置了 item 类的宽度为 290 px，第 17 行代码 "margin-right: 10 px;" 设置了 item 类的右外边距为 10 px，第 34、39、44 行代码在三个二级 div 盒子中套用了类 item，里面盒子的宽度和外边距值总和为(290 + 10)*3 = 900 px，等于外面 div 盒子的宽度，如果这个总和大于外面 div 盒子的宽度，会导致里面盒子尽管是左浮动布局，还是会被挤到下面一行。

图 6-2　未设置浮动时的效果　　　　　　　　图 6-3　设置左浮动之后的效果

📑➡提示

设置浮动效果(float 属性值为 left 或 right)后，浮动元素不再占用原文档流的位置。父级元素因为子级元素浮动的原因内部高度值为 0。如 demo1 中未设置浮动时，虽然父盒子<div class = "team">没有设置高度，但它被子元素撑开，高度是三个子盒子<div class = "item">的高度和，设置浮动后，父盒子高度为 0。

6.1.2　清除浮动

1. 浮动引起布局混乱问题

由于浮动元素不再占用原文档流的位置，它会对后面的元素排版产生影响，使父元素后面的布局不能正常显示，为了解决这个问题，需要清除浮动。清除浮动的本质主要是为了解决父级元素因为子级浮动引起内部高度为 0 的问题。

清除浮动

【demo2】设置浮动引起的布局混乱。

我们需要设置如图 6-4 所示的网页布局，根据之前所学内容，左侧栏目导航模块可以设置左浮动，右侧主要内容模块可以设置右浮动。

图 6-4　设置浮动布局后的最终效果

```
1    <!DOCTYPE html>
2    <html lang="en">
3    <head>
4        <meta charset="UTF-8">
5        <meta name="viewport" content="width=device-width, initial-scale=1.0">
6        <title>设置浮动引起的布局混乱</title>
7        <style>
8          *{box-sizing: border-box;}
9               .main,.footer{
10              width:900px;
11              margin: 0 auto;}
12         .main{background-color: #f1f1f1;}
13         .footer{
14              background-color: #0373b9;
15              padding:30px 10px;     }
16         .left,.right{
17              border: 1px solid #e1e1e1;
18              padding:30px 10px;}
19         .left{
20              width:28%;
21              float:left; }
22         .right{
23              width: 70%;
24              float: right;}
25       </style>
26    </head>
27    <body>
28      <div class="main">
29        <div class="left">
30              左侧栏目导航
```

```
31            </div>
32            <div class="right">
33                右侧主要内容
34            </div>
35        </div>
36        <div class="footer">
37            版权内容
38        </div>
39    </body>
40    </html>
```

第 21 行代码"float:left;"在 left 类中设置了左浮动,"左侧栏目导航"div 盒子套用了 left 类,向左对齐。

第 24 行代码"float:right;"在 right 类中设置了右浮动,"右侧主要内容"div 盒子套用了 right 类,向右对齐。

两个二级 div 盒子设置浮动后,不再占用原文档流的位置,其父盒子(<div class="main">)高度没有被撑开,高度为 0。下面盒子向上移动。

下面的版权内容受到上面浮动影响,整个布局发生混乱,浏览效果如图 6-5 所示,要解决此问题,需要清除浮动。

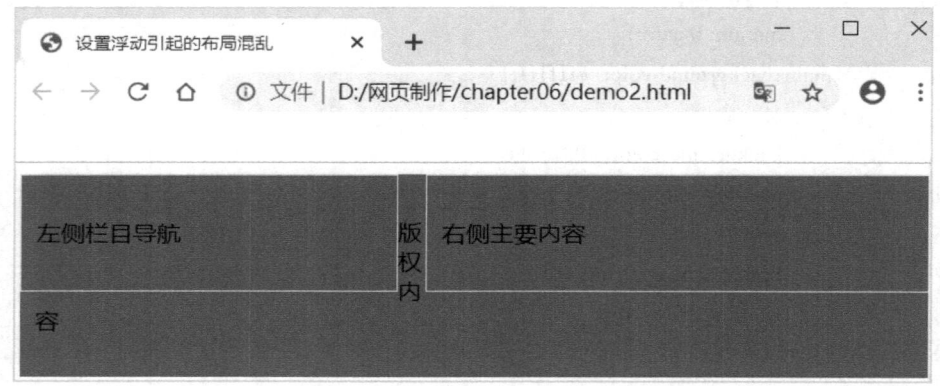

图 6-5　设置浮动引起的布局混乱

2. 清除浮动的方法

清除浮动前我们先来认识一下 clear 属性。clear 属性可以用来清除浮动元素对当前元素产生的影响,其基本语法格式如下:

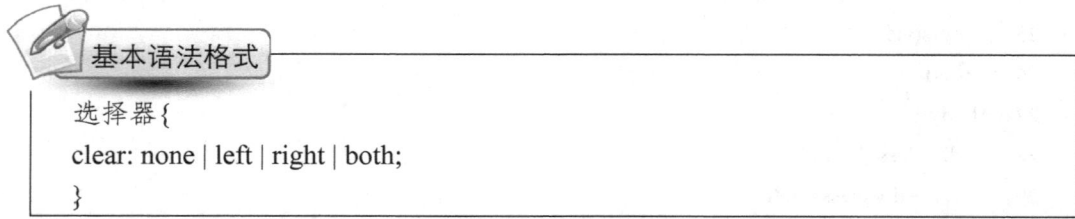

基本语法格式

```
选择器{
clear: none | left | right | both;
}
```

none:允许两边都可以有浮动对象,none 是默认值;

left：不允许左边有浮动对象；

right：不允许右边有浮动对象；

both：不允许有浮动对象。

具体清除浮动的方法有三种：额外标签法、父级添加 overflow 属性法和使用 after 伪元素法。

(1) 额外标签法。

额外标签法是指在浮动元素后面添加空标记，并对空标记应用"clear:both|left|right"样式，空标记可以是<div>等任何标记。

使用额外标签法清除浮动可以在 demo2 中的 34 行和 35 行之间添加<div class="clear"></div>，在<style>标签中添加类 clear(.clear{clear: both;})。

【demo2(1)】用添加额外标签法清除浮动。

```
<style>
    .......
.clear{
        clear: both;
    }
</style>
<body>
......
<div class="main">
    <div class="left">
        左侧栏目导航
    </div>
    <div class="right">
        右侧主要内容
    </div>
    <div class="clear"></div>
 </div>
......
```

这种方法通俗易懂，但是需要添加无意义的标签。

(2) 父级元素添加 overflow 属性方法。

父级元素添加 overflow 属性方法是指给浮动元素的父级元素添加"overflow:hidden"样式。

使用父级元素添加 overflow 属性法清除浮动可以在 demo2 中的 main 类中添加"overflow: hidden;"代码。

【demo2(2)】父级元素添加 overflow 属性法清除浮动。

```
<style>
    .......
```

```
    .main{
        background-color: #f1f1f1;
        overflow: hidden;
    }
</style>
```

(3) 使用 after 伪元素方法。

使用 after 伪元素方法是指给浮动元素的父级元素添加 after 伪对象，并设置其 height、content、display、visibility 和 clear 属性。

使用 after 伪元素法清除浮动可以在 demo2 中的浮动元素父盒子中再添加一个类(类名自定义，比如 clearfix)，然后在<style>标签中添加.clearfix:after 和.clearfix 的样式，父盒子套用 clearfix 类。

【demo2(3)】使用 after 伪元素方法清除浮动。

```
<style>
    .......
    .clearfix:after{
        height: 0;
        content: "";
        display: block;
        visibility: hidden;
        clear: both;
    }
    .clearfix{zoom:1;}/*zoom 1  是为 ie7 以下的版本所识别*/
</style>
<body>
    <div class="main clearfix">
    ......
</body>
```

6.2 元素的定位

通过元素的定位属性可以设置元素的精确位置。CSS 通过 position 属性设置定位，其基本语法格式如下：

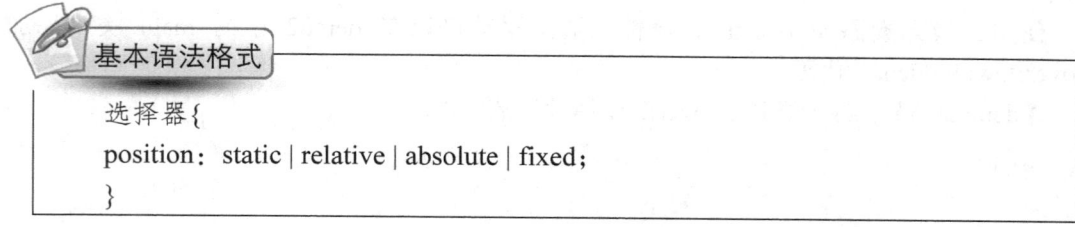

基本语法格式

```
选择器{
position：static | relative | absolute | fixed；
}
```

static：静态定位，对象遵循正常文档流。top、right、bottom、left 等属性不会被应用；

relative：相对定位，对象遵循正常文档流，将依据 top、right、bottom、left 等属性在正常文档流中偏移位置；

absolute：绝对定位，对象脱离正常文档流，使用 top、right、bottom、left 等属性以已定位的父元素为参考进行绝对定位。而其层叠通过 z-index 属性定义；

fixed：固定定位，对象脱离正常文档流，使用 top、right、bottom、left 等属性以窗口为参考点进行定位，当出现滚动条时，对象不会随着滚动。IE6 及以下不支持此参数值。

在元素的定位属性中，static(静态定位)是默认的定位方式，在前面的例子中，没有指定定位方式，使用的都是 static 定位，下面我们主要讲解一下其他三种定位方式。

6.2.1 相对定位(relative)

相对定位的 position 值为 relative，设置了相对定位的元素遵循正常文档流，可以对其设置 top、right、bottom、left 属性，元素根据 top 等属性值在文档流中进行偏移，元素偏移后其原位置仍然保留。

元素的定位及相对定位

【demo3】相对定位。

```
1    <!DOCTYPE html>
2    <html lang="en">
3       <head>
4           <meta charset="UTF-8">
5           <meta name="viewport" content="width=device-width, initial-scale=1.0">
6       <title>相对定位</title>
7       <style>
8           .main{
9               width:300px;
10              background-color: #f1f1f1;
11              padding: 10px;}
12          .box1,.box2,.box3{
13              width: 90%;
14              height: 30px;
15              margin: 10px;
16              background-color: aqua;}
17          .box2{
18              position: relative;
19              top:100px;
20              left:30px;}
21      </style>
22      </head>
```

```
23    <body>
24        <div class="main">
25            <div class="box1">box1</div>
26            <div class="box2">box2</div>
27            <div class="box3">box3</div>
28        </div>
29    </body>
30    </html>
```

demo3 中<div class="main">中包含三个子 div，没有设置相对定位时三个子盒子从上到下布局，如图 6-6 所示。

第 17～20 行代码对类 box2 设置了相对定位 "position: relative;"，相对于自己的原来位置进行定位：top:100 px：向下偏移 100 px，left:30 px，向右偏移 30 px。此偏移是相对于自己原来位置的偏移。相对定位之后的效果如图 6-7 所示。

第二个子 div 在文档流中进行偏移后，其原位置仍然保留。

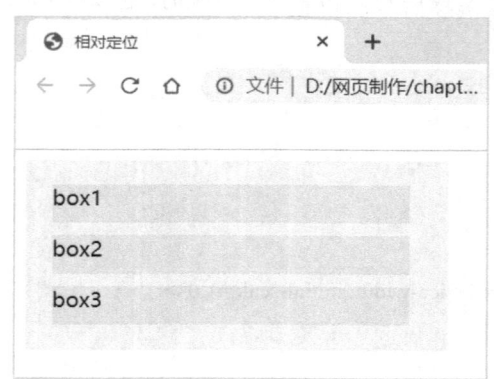

图 6-6　未设置相对定位时的盒子布局

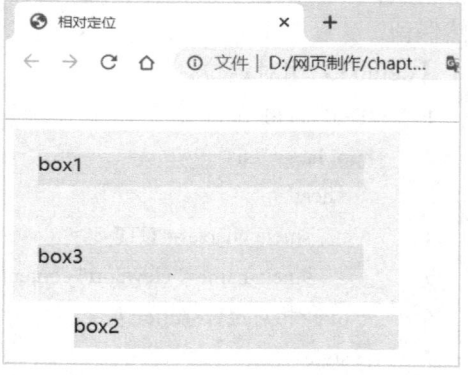

图 6-7　设置相对定位之后的盒子布局

📑提示

相对定位的元素遵循正常文档流，可以对其设置偏移值，相对于自己的原来位置进行偏移，且元素偏移后其原位置仍然保留。

6.2.2　绝对定位(absolute)

绝对定位的 position 值为 absolute，设置了绝对定位的元素脱离了正常文档流，可以对其设置 top、right、bottom、left 属性，元素根据 top 等属性值在文档流中进行偏移。

绝对定位

【demo4】应用绝对定位使文字位于图像之上。

```
1    <!DOCTYPE html>
2    <html lang="en">
3    <head>
```

```
4        <meta charset="UTF-8">
5        <meta http-equiv="X-UA-Compatible" content="IE=edge">
6        <meta name="viewport" content="width=device-width, initial-scale=1.0">
7        <title>绝对定位</title>
8      <style>
9        *{
10         margin: 0;
11         padding: 0;
12       }
13       .item{
14         width: 260px;
15         height: 280px;
16         position: relative;
17       }
18       .description{
19         position: absolute;
20         background-color: rgba(160, 160, 200, .3);
21         width: 260px;
22         text-align: center;
23         bottom:0;
24         padding: 10px 0;
25         color:#663366;
26       }
27       .description p{
28         font-size: 13px;
29         padding-top: 5px;
30       }
31     </style>
32  </head>
33  <body>
34     <div class="item">
35         <img src="img/flower.jpg" alt="" width="260px">
36         <div class="description">
37             <h4>粉色系列/温柔的陪伴</h4>
38             <p>花语：温柔的人是宝</p>
39         </div>
40     </div>
41  </body>
42  </html>
```

图像和描述文字之间既可以上下布局，如图 6-8 所示，也可以使文字位于图像之上，如图 6-9 所示。如果使文字位于图像之上，可以使用绝对定位。

demo4 中<div class="item">中包含两块内容：图像和子<div>(<div class="description">，里面是图像的描述文字)，默认情况下两块内容上下布局，如图 6-8 所示。

图 6-8　图像和文字上下布局　　　　图 6-9　应用绝对定位使文字位于图像之上

第 18～26 行代码对类 description 设置了绝对定位"position: absolute;"，相对于它上一个已经定位的祖先元素进行定位，bottom:0 定义了与下边缘的距离为 0。

第 16 行代码"position: relative;"定义了父元素 item 类的定位方式为相对定位，<div class = "description">的位置就是相对于父盒子<div class = "item">的位置。如果省略第 16 行代码，则<div class = "description">的位置就是相对于浏览器窗口的位置。

📑提示

绝对定位的元素的位置是相对于离元素最近的已定位(不包含默认定位)的父元素。如果无已定位的父元素，则相对于整个文档(html)定位。

6.2.3　固定定位(fixed)

固定定位的 position 值为 fixed，设置了固定定位的元素脱离了正常文档流，是相对于浏览器的窗口进行的定位，可以使用 top、right、bottom、left 属性来定义元素相对于浏览器窗口的位置。

固定定位

使用固定定位的元素无论如何滚动浏览器窗口，元素的位置都是固定不变的。

【demo5】固定定位。

```
1    <!DOCTYPE html>
2    <html lang="en">
3    <head>
4        <meta charset="UTF-8">
```

```
5        <meta http-equiv="X-UA-Compatible" content="IE=edge">
6        <meta name="viewport" content="width=device-width, initial-scale=1.0">
7        <title>固定定位</title>
8        <style>
9             .top,.content,.bottom {
10                width: 1000px;
11                margin: 5px auto;
12            }
13            .content {
14                height: 700px;
15                background-color: #f1f1f1;
16            }
17            .top,.bottom {
18                height: 100px;
19                background-color: #3d94e5;
20            }
21            .to-top {
22                height: 73px;
23                width: 73px;
24                position: fixed;
25                right: 10px;
26                bottom: 100px;
27            }
28        </style>
29    </head>
30    <body>
31      <div class="top">头部  </div>
32      <div class="content">主要内容</div>
33      <div class="bottom">  底部</div>
34      <div class="to-top">
35            <img src="img/top.png" alt="">
36      </div>
37    </body>
38    </html>
```

demo5 使用了固定定位，效果如图 6-10 所示。

"回到顶部"图像一直位于浏览器窗口的固定位置，其位置不会随着滚动条位置的拖动变化而变化。

第 21~27 行代码设置了类 to-top 的样式，其中第 24 行代码"position: fixed;"设置了固定定位，它的位置是相对于浏览器窗口的位置，right:10 px; 定义了到窗口右侧距离 10 px， bottom:100 px；定义了到窗口下侧距离 100 px。

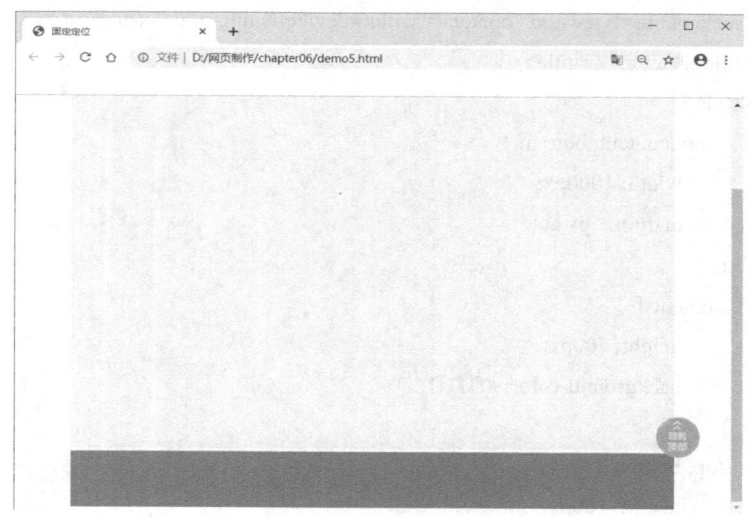

图 6-10　固定定位效果

6.2.4　z-index 属性

z-index 属性用来设置元素的层叠顺序，其基本语法格式如下：

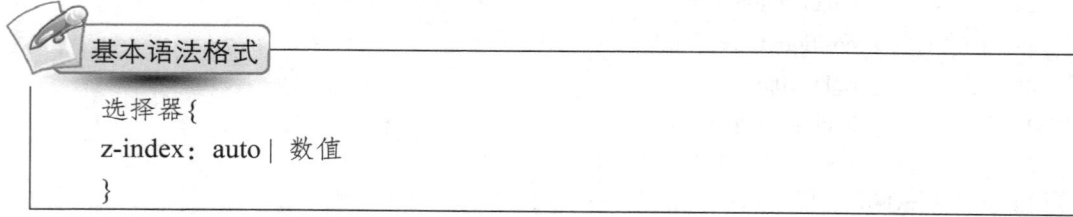

基本语法格式

```
选择器{
z-index：auto | 数值
}
```

auto：遵从其父对象的定位；

数值：用整数值来定义堆叠级别，可以为负值。

当网页中的元素处于重叠状态时，用 z-index 属性设置哪个元素处于最上方，哪个元素被覆盖。并级的元素，z-index 属性值越大，处于的位置越在上面。如两个元素的此属性具有同样的值，那么将依据它们在 HTML 文档中流的顺序层叠，写在后面的将会覆盖前面的。

必须定义元素的定位 position 属性值为 absolute、relative 或 fixed，z-index 属性方可生效。

6.3　案例：制作环保网页

6.3.1　任务描述

制作环保网页

维护生态平衡，保护环境是关系到人类生存、社会发展的重要问题。近百年来人类行为已经引发了严重的生态危机。下面我们制作一个环保网页，传播环境保护意识。网页浏览效果如图 6-11 所示。

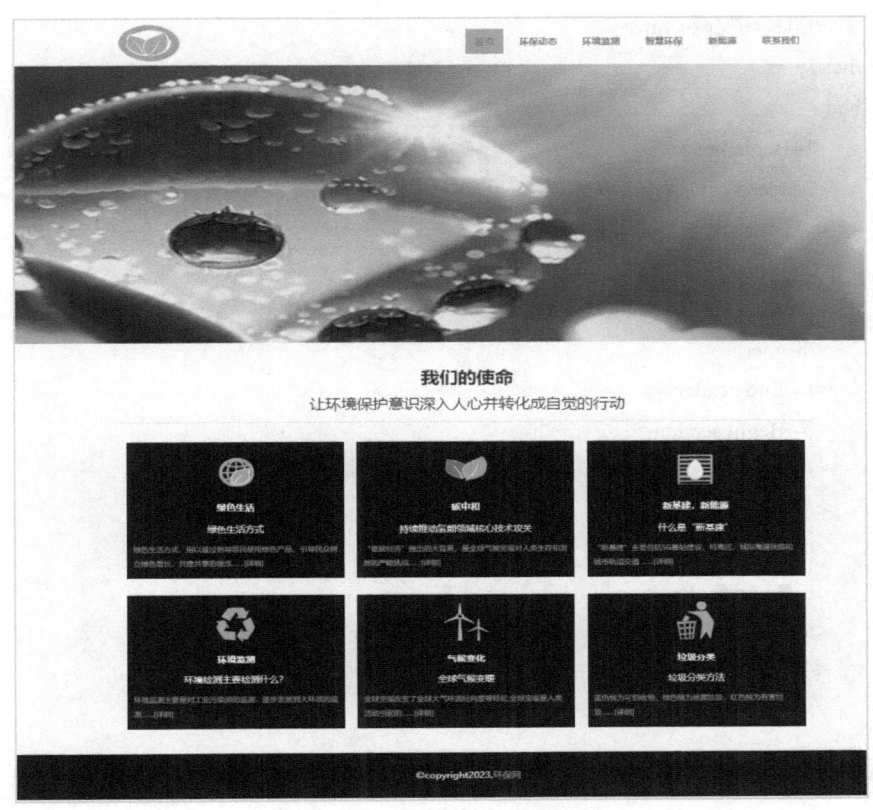

图 6-11 环保网页效果图

　　网页分成上中下三部分：上方是导航和 banner 图片，导航使用了列表，每一个列表项从左到右显示，第一项是 logo 图片，使用了绝对定位；中间内容包括标题和栏目项，栏目从左到右浮动显示；下方是版权内容。

6.3.2 实施步骤

　　下面我们来制作网页。

(1) 打开站点根目录。打开 VS Code，选择并打开 chapter06 文件夹。

(2) 准备图像素材。将本项目图像素材复制到子文件夹"img"中。

(3) 新建网页"index.html"。

(4) 生成网页文件基本代码。

(5) 输入网页标题。在<title>和</title>之间输入"环保网"。

(6) 输入网页整体布局代码。

　　整个页面从上到下分成三部分：上方是导航和 banner 图片，中间内容包括标题和栏目项，下方是版权，代码如下：

```
1    <html lang="ZH-cn">
2    <head>
3        <meta charset="UTF-8">
```

```
4        <title>环保网</title>
5    </head>
6    <body>
7        <!--Begin header -->
8        <header>
9            <nav>
10           </nav>
11           <div class="banner"></div>
12       </header>
13       <!-- End header -->
14       <!-- Begin section-->
15       <section>
16       </section>
17       <!-- End section -->
18       <!--Begin footer-->
19       <footer>
20       </footer>
21       <!--End footer -->
22   </body>
23   </html>
```

(7) 创建 CSS 样式文件，完成基础样式设置。

在网站根目录 chapter06 内新建 css 文件夹，并在里面创建 style.css 样式文件，在 style.css 中写入页面基础样式，代码如下：

```
1    * {
2        margin: 0;
3        padding: 0;
4        list-style-type: none;
5        outline: 0;
6        border: 0;
7    }
8    body {
9        font-size: 15px;
10       line-height: 24px;
11       background: #F8FAFF;
12       font-family: "Helvetica Neue", Helvetica, Arial, sans-serif;
13       color: #333;
14   }
15   a {
```

```
16        text-decoration: none;
17        color: #1bbd9b;
18    }
19    .clear { clear: both;}
20    .center {text-align: center;}
```

第 19 行代码定义了 clear 类，用于使用额外标签法清除浮动。

(8) 在前面第(6)步的第 4 行代码(<title>环保网</title>)后面输入链接外部样式的代码：

```
<head>
        <meta charset="UTF-8">
        <title>环保网</title>
        <link rel="stylesheet" href="css/style.css">
</head>
```

(9) 完成 header 部分内容。

在前面第(6)步的第 9 行和第 10 行代码(<nav></nav>)中间输入导航内容，代码如下：

```
1     <!--Begin header -->
2       <header>
3           <nav>
4               <ul>
5                   <li class="logo"><img src="img/logo.png" alt=""></li>
6                   <li class="active">
7                       <a href="index.html" class="active">首页</a>
8                   </li>
9                   <li>
10                      <a href="about.html">环保动态</a>
11                  </li>
12                  <li>
13                      <a href="blog.html">环境监测</a>
14                  </li>
15                  <li>
16                      <a href="team.html">智慧环保</a>
17                  </li>
18                  <li>
19                      <a href="team.html">新能源</a>
20                  </li>
21                  <li>
22                      <a href="contact.html">联系我们</a>
23                  </li>
24              </ul>
```

```
25              <div class="clear"></div>
26          </nav>
27          <div class="banner"></div>
28      </header>
29      <!-- End header -->
```

第 5 行代码<ul>的第一个<li>里面是 logo 图片，套用了类 logo，里面设置了绝对定位。

第 25 行代码是一个空盒子，套用 clear 类，用于清除浮动。

(10) 完成 header 部分样式。

在 style.css 文件中添加头部样式，包括导航和 banner 部分样式，代码如下：

```
1   .center{text-align: center;}
2   /*header 部分样式*/
3   header { width: 100%;}
4   nav {
5       width: 1100px;
6       margin: 0 auto;
7       padding-top: 15px;
8       padding-bottom: 15px;
9       position: relative;
10  }
11  nav ul {float: right;}
12  nav li { float: left;}
13  nav .logo {
14      position: absolute;
15      left: 0;
16      top: 10px;
17  }
18  nav a {
19      padding: 10px 15px;
20      margin: 5px;
21      display: block;
22      font-weight: bold;
23      color: #888;
24  }
25  nav .active { background: #74B9B9;}
26  nav .active a {
27      color: #ffffff;
28  }
29  .banner {
30      height: 500px;
```

```
31        background: url(../img/banner.jpg);
32        background-size: cover;
33    }
```

由于导航文字在右侧，所以第 11 行代码设置了右浮动"nav ul {float: right;}"。

<li>默认是从上到下布局的，但网页导航列表<ul>内部每一个列表项<li>从左到右排列，需要设置第 12 行代码"nav li { float: left;}"，li 左浮动。

第 13～17 行代码设置了第一个<li>(套用了类 logo 的<li>)的样式，定位方式是绝对定位"position: absolute;"，距离最近的已定位父盒子(<nav>)左方距离 0(left: 0;)，距离最近的已定位父盒子上方距离 10px(top: 10px;)。

第 9 行代码定义了<nav>的定位方式是相对定位"position: relative;"，<div class="logo">的绝对定位的位置就是相对于<nav>的位置。

(11) 完成中间 section 部分内容。

在前面第(6)步的第 15 行和第 16 行代码(<section> </section>)中间输入栏目内容，代码如下：

```
1    <!-- Begin section -->
2        <section>
3            <div class="services-header">
4                <h3>我们的使命</h3>
5                <p><em> 让环境保护意识深入人心并转化成自觉的行动 </em> </p>
6                <hr>
7            </div>
8            <div class="services-content ">
9                <div class="col">
10                   <p class="center"><img src="img/icon1.png" alt=""></p>
11                   <h4 class="services-title center">绿色生活</h4>
12                   <p class="services-body center"> 绿色生活方式</p>
13                   <p class="services-more"><a href="#">绿色生活方式，指以通过倡导居民使
                     用绿色产品，引导民众树立绿色增长、共建共享的理念……[详细]</a></p>
14               </div>
15               <div class="col">
16                   <p class="center"><img src="img/icon2.png" alt=""></p>
17                   <h4 class="services-title center">碳中和</h4>
18                   <p class="services-body center"> 持续推动氢能领域核心技术攻关</p>
19                   <p class="services-more"><a href="#">"低碳经济"提出的大背景，是全球气
                     候变暖对人类生存和发展的严峻挑战……[详细]</a></p>
20               </div>
21               <div class="col">
22                   <p class="center"><img src="img/icon3.png" alt=""></p>
```

```
23                    <h4 class="services-title center">新基建</h4>
24                    <p class="services-body center"> 什么是"新基建"</p>
25                    <p class="services-more"><a href="#">"新基建"主要包括 5G 基站建设、特
                      高压、城际高速铁路和城市轨道交通……[详细]</a></p>
26                </div>
27                <div class="col">
28                    <p class="center"><img src="img/icon4.png" alt=""></p>
29                    <h4 class="services-title center">环境监测</h4>
30                    <p class="services-body center"> 环境检测主要检测什么？</p>
31                    <p class="services-more"><a href="#">环境监测主要是对工业污染源的监
                      测，逐步发展到对大环境的监测……[详细]</a></p>
32                </div>
33                <div class="col">
34                    <p class="center"><img src="img/icon5.png" alt=""></p>
35                    <h4 class="services-title center">气候变化</h4>
36                    <p class="services-body center"> 全球气候变暖</p>
37                    <p class="services-more"><a href="#">全球变暖改变了全球大气环流经向度
                      等特征，全球变暖是人类活动引起的……[详细]</a></p>
38                </div>
39                <div class="col">
40                    <p class="center"><img src="img/icon6.png" alt=""></p>
41                    <h4 class="services-title center">垃圾分类</h4>
42                    <p class="services-body center"> 垃圾分类方法</p>
43                    <p class="services-more"><a href="#">蓝色桶为可回收物，绿色桶为易腐垃
                      圾，红色桶为有害垃圾……[详细]</a></p>
44                </div>
45                <div class="clear"></div>
46            </div>
47        </section>
48        <!-- End section -->
```

　　<section>里面有两个子<div>盒子，第 3～7 行代码是第一个子盒子，里面是栏目标题文字，第 8～47 行代码是第二个子盒子,第二个子盒子里面又包含 6 个栏目(对应 6 个<div>)，6 个栏目后是一个空 div(第 52 行代码)，用于清除浮动。

　　第 9～14 行代码是一个栏目，第 15～20 行代码是一个栏目，第 21～26 行代码是一个栏目，第 27～32 行代码是一个栏目，第 33～38 行代码是一个栏目，第 39～44 行代码是一个栏目，这 6 个栏目从左到右布局，当一行宽度不足时，在下一行继续显示。

　　第 45 行代码是一个空盒子，套用了类 clear，用于清除前面的浮动影响。

　　(12) 完成中间 section 部分样式。

　　在 style.css 文件中添加 section 部分样式，代码如下：

```
1      /* section 部分样式 */
2    section {
3       margin: 50px auto;
4       margin-bottom: 30px;
5       width: 1100px;
6    }
7     .services-header {
8       margin-bottom: 20px;
9       font-size: 25px;
10      color: #333;
11      text-align: center;
12   }
13   .services-header h3 { margin-bottom: 25px;}
14   .services-header p { margin-bottom: 20px;}
15   .services-header hr {
16      width: 1100px;
17      height: 1px;
18      background-color: #e1e1e1;
19      margin: 0 auto;
20   }
21   .services-content {
22      width: 1100px;
23      margin: 0 auto;
24   }
25   .services-content .col {
26      width: 325px;
27      margin: 15px 10px;
28      float: left;
29      padding: 10px;
30      background: #061F20;
31      color: white;
32   }
33   .services-content h4 { padding: 10px 0;}
34   .services-content p {padding: 5px 0;}
35   .services-content a {font-size: 12px;}
```

第 26 行代码设置了每个栏目的宽为 325 px "width: 325 px;"。

第 27 行代码设置了每个栏目的上下外边距 15 px，左右外边距 10 px，"margin: 15 px 10 px;"。

第 28 行代码设置了栏目左浮动 "float: left;"。

第 29 行代码设置了栏目上下左右内边距值为 10 px "padding: 10 px;"。

每一个栏目的总宽为 325 + 10*2 + 10*2 = 365 px，外面盒子总宽 1100 px，水平方向只能显示 3 个栏目盒子，其他的在下一行显示。

(13) 完成 footer 部分内容和样式。

在前面第(6)步的第 19 行和第 20 行代码 "<footer> </footer>" 中间输入版权内容，代码如下：

```
<!--Begin footer -->
<footer>
    <p class="center">&copy; Copyright 2023, <a href="#">环保网</a></p>
</footer>
<!--End footer -->
```

在 style.css 文件中添加 footer 部分样式，代码如下：

```
/*footer 部分样式  */
footer {
  width: 100%;
  color: #fff;
  padding: 30px 0px 30px 0px;
  background-color: rgb(23, 23, 23);
}
```

项 目 小 结

本项目学习了元素的浮动和定位，主要包含以下内容：

◆ 设置浮动效果，使用 float 属性设置左右浮动。

◆ 清除浮动的方法有额外标签法清除浮动、父级添加 overflow 属性法清除浮动、使用 after 伪元素法清除浮动。

◆ 设置元素定位，包括静态定位(默认的定位方式)、相对定位(position:relative)、绝对定位(position:absolute)和固定定位(position:fixed)。

单元测试与项目实践

1. 选择题

(1) 下列属性可以设置元素绝对定位的是(　　)。

A. relative　　　　　　B. static　　　　　　C. absolute　　　　　　D. fixed

(2) 下面清除浮动的方式写得不正确的是(　　)。

A. clear:both　　　　　B. clear:right　　　　C. float:left　　　　　D. clear:none

(3) 在网页中有一个 id 为 content 的 div，下列(　　)正确设置它的宽度为 200 px，高度为 100 px，并且向左浮动。

A. #content{width:200px;height:100px;float:left;}

B. #content{width:100px;height:200px;clear:left;}

C. #content{width:200px;height:100px;clear:left;}

D. #content{width:100px;height:200px;float:left;}

(4) 下列定位会脱离正常的文档流的是(　　)。

A. relative
B. static
C. absolute
D. fixed

(5) 关于 position 定位，下列说法错误的是(　　)。

A. fixed 元素，可定位于相对于浏览器窗口的指定坐标，它始终是以 body 为依据

B. relative 元素以它原来的位置为基准偏移，其移动后，原来的位置不再占据空间

C. absolute 的元素，如果它的父容器设置了 position 属性，并且 position 的属性值为 absolute 或者 relative，那么就会依据父容器进行偏移

D. fixed 属性的元素在标准流中不占位置

2. 项目实践

本项目学习了元素的浮动和定位操作，制作了环保网页，下面我们通过制作"旅游之家"网页，巩固元素的浮动和定位方法。网页浏览效果如图 6-12 所示。

图 6-12　"旅游之家"网页效果图

项目 7　多媒体元素

◆ 了解 HTML5 支持的音频和视频格式；
◆ 掌握 HTML5 中音频的相关属性，能够在 HTML5 页面中添加音频文件；
◆ 掌握 HTML5 中视频的相关属性，能够在 HTML5 页面中添加视频文件。

◆ 会利用<audio>和<video>标记在网页中灵活使用多媒体元素。

◆ 通过制作"西北之旅"网页，让学生领略祖国的大好河山，增强学生的爱国意识，培养学生勇于创新、革故鼎新、心怀梦想、不懈追求的精神；
◆ 通过制作"校园宣传片"网页，增强学生的集体荣誉感、凝聚力，培养学生爱校、护校的责任感。

通常情况下，在网页中除了文字和图像外，还会有音频和视频。本项目将通过制作网页"西北之旅"对 HTML5 中的音频标记、视频标记及其相关的属性进行详细讲解。最后根据学习内容，同学们制作"校园宣传片"网页。

7.1　audio 标记

audio 标记

<audio>是音频标记，用于在网页中添加音频，支持和实现音频文件的直接播放，支持缓冲预载和多种音频媒体格式。可以使用的音频格式有 MP3、Wav、Ogg 等。

<audio>标记的基本语法格式如下：

基本语法格式

```
<audio 属性名="属性值"></audio>
```

在<audio>标记中，常用的属性有 src、controls、autoplay、loop、muted 等，其主要功能如表 7-1 所示。

表 7-1　audio 标记常用属性

属 性 名	功　　能
src	音频的路径
controls	显示播放控件
autoplay	自动播放
loop	循环播放
muted	静音播放

【demo1】在页面中插入音频。

```
1  <!DOCTYPE html>
2  <html lang="en">
3  <head>
4      <meta charset="UTF-8">
5      <meta name="viewport" content="width=device-width, initial-scale=1.0">
6      <title>音频</title>
7  </head>
8  <body>
9      <audio src="./music/一起向未来.mp3" controls="controls" ></audio>
10 </body>
11 </html>
```

第 9 行代码使用<audio>标记导入音频"一起向未来.mp3",其中 src 属性用来指定要播放的音频文件的地址;同时还有 controls 属性,该属性取值为 controls 添加该属性之后,音频的播放控件(播放按钮、进度条、调节音量大小及倍速按钮)会在页面上显示,通过操作播放控件可以在播放过程中控制音频,否则页面中什么也不显示。

demo1 浏览效果如图 7-1 所示。

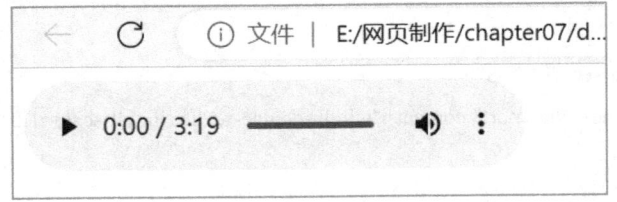

图 7-1　在页面中插入音频效果

除 controls 属性外,常用的属性还有 autoplay(自动播放)、loop(循环播放)、muted(静音播放)。

例如:

```
<audio src="./music/一起向未来.mp3" autoplay="autoplay" loop="loop"
muted="muted" ></audio>
```

需要注意的是,为了保护用户的隐私,有的浏览器不支持自动播放属性 autoplay。

如果在导入音频时不使用 controls 属性显示播放控件,只使用 autoplay 和 loop 属性实现自动循环播放，此时导入的音频类似于背景音乐，在网页打开后不显示播放控件，自动播放音频。

7.2 video 标记

video 标记

<video>是视频标记，用于在网页中添加视频，支持和实现视频文件的直接播放，支持缓冲预载和多种视频媒体格式。可以使用的视频格式有 MP4、WebM、Ogg 等。

<video>标记的基本语法格式如下：

 基本语法格式

<video 属性名="属性值"></video>

在<video>标记中，常用的属性有 src、controls、autoplay、loop、muted 等，其主要功能如表 7-2 所示。

表 7-2　video 标记常用属性

属 性 名	功　　能
src	视频的路径
controls	显示播放控件
autoplay	自动播放
loop	循环播放
muted	静音播放

【demo2】在页面中插入视频。

```
1  <!DOCTYPE html>
2  <html lang="en">
3  <head>
4      <meta charset="UTF-8">
5      <meta name="viewport" content="width=device-width, initial-scale=1.0">
6      <title>视频</title>
7  </head>
8  <body>
9      <video src="./video/一起向未来.mp4" controls="controls"></audio>
10 </body>
11 </html>
```

此例效果如图 7-2 所示。

第 9 行代码使用<video>标记导入视频"一起向未来 .mp4"，其中 src 的属性用来指定要播放的视频文件的地址，同时还有 controls 属性，该属性的取值为 controls，添加该属性之后，视频的播放控件(播放按钮、进度条、调节音量大小及倍速按钮)会在页面上显示，

通过操作播放控件可以在播放过程中控制视频，否则页面中只显示一张图片。

图 7-2　在页面中插入视频效果

除 controls 属性外，视频常用的属性还有 autoplay(自动播放)、loop(循环播放)、muted(静音播放)。

例如：

```
<video src="./video/一起向未来.mp4" autoplay="autoplay" muted="muted"
loop="loop" ></video>
```

需要注意的是，为了保护用户的隐私，部分浏览器不支持视频自动播放属性 autoplay，可配合 muted 静音播放实现。

7.3　source 标记

source 标记

前面讲述了可使用<audio>标记在网页中导入音频，<audio>标记支持的音频文件类型有 MP3、Wav、Ogg，但并不是所有浏览器都支持这三种类型。常用浏览器支持的音频类型如表 7-3 所示。

表 7-3　不同浏览器支持的音频类型

浏览器	MP3	Wav	Ogg
Internet Explorer	支持	不支持	不支持
Chrome	支持	支持	支持
Firefox	支持	支持	支持
Safari	支持	支持	不支持
Opera	支持	支持	支持

同样，使用<video>标记在网页中导入视频，<video>标记支持的视频文件类型有 MP4、WebM、Ogg，但并不是所有浏览器都支持这三种类型。常用浏览器支持的视频类型如表 7-4 所示。

表 7-4　不同浏览器支持的视频类型

浏览器	MP4	WebM	Ogg
Internet Explorer	支持	不支持	不支持
Chrome	支持	支持	支持
Firefox	支持	支持	支持
Safari	支持	不支持	不支持
Opera	支持	支持	支持

由此可知，不同的浏览器和设备对于音视频格式的支持是不同的，某些浏览器可能只支持特定的音视频格式。为解决<audio>、<video>标记导入音视频在不同浏览器之间的兼容问题，HTML5 引入了<source>标记，在<audio>、<video>标记之间允许有多个<source>标记，<source>标记可以链接不同文件类型的音视频文件。浏览器会按照<source>标记的顺序逐个检查导入的音视频源，并选择第一个可播放的源进行播放。如果第一个源无法播放，浏览器会回退到下一个源，直到找到可播放的源为止。

<source>标记的基本语法格式如下：

基本语法格式

```
<audio 属性名="属性值">
    <source 属性名="属性值">
    <source 属性名="属性值">
</audio>
<video 属性名="属性值">
    <source 属性名="属性值">
    <source 属性名="属性值">
</video>
```

在<source>标记中，常用的属性有 src、type 等，其主要功能如表 7-5 所示。

表 7-5　<source>标记常用属性

属性名	功　　能
src	音/视频的路径
type	说明 src 属性指定媒体的类型，帮助浏览器在获取媒体前判断是否支持此类型的媒体格式

【demo3】以<video>标记为例，在<video>标记中使用<source>标记导入视频。

```
1   <!DOCTYPE html>
2   <html lang="en">
3   <head>
4       <meta charset="UTF-8">
5       <meta name="viewport" content="width=device-width, initial-scale=1.0">
```

```
6        <title>source 标记</title>
7    </head>
8    <body>
9        <video controls>
10           <source src="./video/一起向未来.webm" type="video/webm">
11           <source src="./video/一起向未来.mp4" type="video/mp4">
12       </video>
13   </body>
14   </html>
```

此例效果如图 7-3 所示。

图 7-3　在<video>标记中使用<source>标记导入视频效果

第 9～12 行代码导入了两个不同文件类型的视频，浏览器在解析过程中进入<video>标记之后，首先会解析第一个<source>标记中的视频类型。假如当前浏览器为 Internet Explorer，此时遇到第一个<source>标记，该<source>标记指定的视频类型为 WebM，IE 浏览器发现不能解析当前类型，就会继续往下查找解析。发现第二个<source>标记指定的视频类型为 MP4，此时 IE 浏览器可正常解析，则在页面中显示播放。如果没有第二个<source>指定不同类型的视频文件，则在浏览器中会显示"无效源"(表明此浏览器不支持该类型)，如图 7-4 所示。

图 7-4　浏览器解析不支持的视频文件效果

7.4　案例：制作"西北之旅"网页

7.4.1　任务描述

制作"西北之旅"网页

　　祖国的大西北并非寸草不生，这里的浪漫从未停止，是烈阳，是黄土，是雪山，是草原，是大漠孤烟，是长河落日……一路走过山河湖泊，跨过戈壁沙漠，见到丹霞地貌，感受大自然的鬼斧神工，也目睹了千年莫高窟和万里长城的终点，惊叹于古人的智慧，从丝绸之路起点经过河西走廊再到敦煌，真实感受到中国版图辽阔和历史文化的厚重，是春风已度玉门关，是不破楼兰终不还！下面我们制作"西北之旅"页面，网页浏览效果如图 7-5 所示。

图 7-5　"西北之旅"网页效果图

7.4.2 实施步骤

下面我们来制作网页。

(1) 打开站点根目录。打开 VS Code，选择并打开 chapter07 文件夹。

(2) 准备视频素材。将本项目视频素材复制到子文件夹"video"中，音频素材复制到子文件"music"中。

(3) 新建网页"index.html"。

(4) 生成网页文件基本代码。

(5) 输入网页标题。在<title>和</title>之间输入"西北之旅"。

(6) 输入网页内容代码，代码如下：

```
1   <!DOCTYPE html>
2   <html>
3       <head>
4           <meta charset="utf-8">
5           <title>西北之旅</title>
6           <link href="./css/chapter07.css" rel="stylesheet" type="text/css" />
7       </head>
8       <body>
9           <div id="content">
10              <h2>西北之旅</h2>
11              <audio autoplay="autoplay" loop="loop">
12                  <source src="./music/背景音乐 1.mp3" type="audio/mp3">
13                  <source src="./music/背景音乐 2.wav" type="audio/wav">
14              </audio>
15              <video controls="controls">
16                  <source src="./video/视频 1.mp4" type="video/mp4">
17                  <source src="./video/视频 2.webm" type="video/webm">
18              </video>
19              <p>祖国的大西北并非寸草不生，这里的浪漫从未停止</p>
20              <p>是烈阳，是黄土，是雪山，是草原，是大漠孤烟，是长河落日……</p>
21              <p>一路走过山河湖泊</p>
22              <p>跨过戈壁沙漠</p>
23              <p>见到丹霞地貌</p>
24              <p>感受大自然的鬼斧神工</p>
25              <p>也目睹了千年莫高窟和万里长城的终点</p>
26              <p>惊叹于古人的智慧</p>
27              <p>从丝绸之路起点经过河西走廊再到敦煌</p>
28              <p>真实感受到中国版图辽阔和历史文化的厚重感</p>
```

```
29                <p>是春风已度玉门关，是不破楼兰终不还！</p>
30           </div>
31        </body>
32 </html>
```

第 11～14 行代码通过<audio>、<source>标记的结合使用，导入两个不同文件类型的音频，并设置自动循环播放。浏览器在解析过程中进入<audio>标记之后，首先会解析第一个<source>标记中的音频类型，如当前浏览器能够解析则播放第一个音频，如不能解析则继续往下解析第二个<source>标记中的音频类型，如能解析则播放第二个音频。

第 15～18 行代码通过<video>、<source>标记的结合使用，导入两个不同文件类型的视频，解析过程与上述解析音频同理。

(7) 在<head>标记中第 6 行与第 7 行之间添加<style>标记输入网页样式，代码如下：

```
1  <style>
2      *{
3          margin: 0px;
4          padding: 0px;
5          box-sizing: border-box;
6      }
7      body {
8          font-size: 1em;
9          font-family: "微软雅黑";
10     }
11     #content {
12         width: 1000px;
13         margin: 0 auto;
14         border: 5px solid #a3e5fb;
15         margin-top: 10px;
16         margin-bottom: 10px;
17         padding: 15px;
18     }
19     #content p {
20         text-indent: 2em;
21         margin-top: 30px;
22         line-height: 26px;
23         text-align: center;
24     }
25     #content h2 {
26         text-align: center;
27         line-height: 60px;
```

```
28      }
29      #content video {
30          margin: 0 auto;
31          display: block;
32          width: 500px;
33          margin-bottom: 50px;
34      }
35 </style>
```

第 2～10 行代码设置总体布局、字体、字体大小等基本样式。

第 11～18 行代码设置内容盒子的整体样式。

第 19～35 行代码设置主题部分内容段落 p、主题标记 h2 及视频 video 的样式，其中第 29～34 行代码设置视频宽度、外边距等。

(8) 保存、预览网页。

项 目 小 结

本项目学习了使用 HTML 5 在网页中添加多媒体元素的方法，主要包含以下内容：

◆ 音频标记<audio>及常用属性的使用。

◆ 视频标记<video>及常用属性的使用。

◆ 多个媒体源标记<source>的使用。

单元测试与项目实践

1. 选择题

(1) 为元素指定多个视频源使用(　　)标记。

A. select　　　　　B. datalist　　　　　C. source　　　　　D. src

(2) 下列关于元素的常用属性的描述错误的有(　　)。

A. 如果出现 autoplay 属性，则视频在就绪后马上播放

B. 如果出现 controls 属性，则向用户显示播放控件面板

C. 如果出现 loop 属性，则当媒体文件播放完后会再次开始播放

D. src 属性可以指定多个要播放的视频的 URL

(3) 使用自动播放音乐需要使用到(　　)属性。

A. autoplay　　　　B. controls　　　　C. loop　　　　　D. preload

(4) HTML5 新增了强大的多媒体的功能，主要体现在(　　)两个方面。

A. 视频元素　　　B. 图像元素　　　　C. 音频元素　　　D. 动画元素

(5) <source>标记适用于给<audio>和(　　)元素提供多个媒体源。

A. <video>　　　B. <input>　　　　C. <img>　　　　D. <select>

2. 项目实践

本项目学习了多媒体元素<audio>、<video>、<source>，制作了"西北之旅"页面，下面我们通过制作"校园宣传片"网页，巩固使用多媒体元素的方法。网页浏览效果如图 7-6 所示。

学校是一所具有悠久历史和良好教育传统的学府，一直以来致力于培养德、智、体、美全面发展的优秀人才。学校拥有一支经验丰富、教育水平高的师资队伍，提供优质的教育资源和学习环境。

学校课程设置丰富多样，涵盖了人文、社会科学、自然科学等多个领域，并不断推陈出新。学校还拥有先进的教学设施和实验设备，让学生在理论与实践相结合的过程中更好地掌握知识和技能。

学校注重培养学生的创新精神和实践能力，拥有广阔的成长空间和丰富的实践机会。通过组织各种课外活动和实践项目，让学生在团队合作、社会实践、创新创业等方面得到锻炼和提高。

校园文化充满活力和创造力，为学生的未来发展提供坚实的支持和保障，倡导团队合作和职业精神，开展校企合作项目和实习实训计划。

图 7-6　"校园宣传片"网页效果图

项目 8 表单的应用

◇ 知识目标

◆ 了解表单的构成，能够根据不同情况选择相应的表单元素；
◆ 掌握表单相关标记，能够创建各种表单元素。

◇ 能力目标

◆ 会使用表单制作登录、注册、问卷调查等常见表单页面。

◇ 思政目标

◆ 通过制作"用户注册表"网页，给学生普及网络安全知识。网络安全知识既能使学生保护自己又能使学生不侵犯他人；
◆ 通过制作"大学生课外阅读问卷调查"网页，调查大学生课外读书的情况，告诉学生读书的重要性，让学生爱读书、会读书、读好书，把读书当作一种生活习惯。

◇ 任务描述

表单是网页中的重要元素，通过表单可以收集来自用户的信息，实现网上注册、登录、问卷调查、网上交易等多种功能。本项目将通过制作网页"用户注册表"对表单标记及其相关的属性进行详细讲解，最后根据学习内容，同学们制作"大学生课外阅读问卷调查"网页。

8.1 form 表单元素

form 表单元素

表单是交互式网站的重要组件，它可以向服务器提交数据，收集用户信息。它由表单元素<form>和一些表单控件组成，使用<form> </form>标记来定义表单范围。

form 表单的其基本语法格式如下：

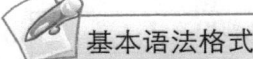

基本语法格式

```
<form action="url 地址" method="提交方式" name="表单名称">
    各种表单控件
</form>
```

在<form>标记中，常用的属性有 name、method、action 等，如表 8-1 所示。

表 8-1　<form>标记常用属性

属 性 名	功　　能
name	设置表单<form>的名称，以区分同一个页面中的多个表单
method	设置表单数据的提交方式，其取值为 get 或 post，默认值是 post。get 方法中数据传输是通过 url 传递的，有缓存机制，效率较高，但 get 传递的数据大小有限制，数据很容易在浏览器地址栏中看到，如果参数包含敏感信息，则存在安全风险。post 方法中浏览器将请求的数据打包并放置在 http 请求体中，数据大小不受限制，更安全
action	指定接收并处理表单数据的服务器程序的 url 地址

例如：

```
<form name="register" action="register.php" method="get">
    表单中控件
</form>
```

8.2　input 控件

input 控件

表单里面包含多种不同表单控件，比较常用的表单控件是<input>控件，它根据 type 属性值的不同，表示不同的控件类型，包含单行文本框、密码框、单选框、复选框、普通按钮、提交按钮、重置按钮、隐藏域、文件域等。

input 控件的基本语法格式如下：

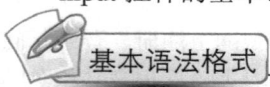基本语法格式

> <input type="属性值" >

type 属性的属性值及功能情况如表 8-2 所示。

表 8-2　<input>标记 type 属性常用属性值

属 性 名	属 性 值	功　　能
type	text	单行文本框，用于输入单行文本
	password	密码框，用于输入密码
	radio	单选框，用于多选一，如性别
	checkbox	复选框，用于多选多，如爱好
	button	普通按钮，通常配合 js 使用
	submit	提交按钮，用于提交表单输入的数据
	reset	重置按钮，用于重置表单输入的数据
	image	定义图像形式的提交按钮
	hidden	隐藏域
	file	文件域

除 type 属性外，<input> 控件还包含一些其他常见的属性，如表 8-3 所示。

表 8-3　<input> 控件其他常用属性

属性名	功　　能
name	设置<input>标记的名称
value	预先设置内容，指定值
size	设置此栏可显现的宽度
maxlength	设置允许用户输入到文本框的最大字符数量
readonly	规定输入字段是只读的，不能编辑修改
disabled	禁用，定义需禁用的控件
checked	将单选框或复选框某些选项默认选中(只针对 type="checkbox"或者 type="radio")

【demo1】<input>控件常用类型及属性。

```
1   <!DOCTYPE html>
2   <html lang="en">
3   <head>
4       <meta charset="UTF-8">
5       <meta name="viewport" content="width=device-width, initial-scale=1.0">
6       <title>input 控件</title>
7   </head>
8   <body>
9       <form name="register" action="register.php" method="get">
10          用户名：<input type="text" name="username"><br/>
11          密码：<input type="password" name="password"><br/>
12          性别：<input type="radio" name="sex" id="boy" checked>男
13              <input type="radio" name="sex" id="girl">女  <br/>
14          爱好：<input type="checkbox" name="hobby" id="run" checked>跑步
15              <input type="checkbox" name="hobby" id="read" checked>看书
16              <input type="checkbox" name="hobby" id="music">听音乐<br/>
17          头像：<input type="file" name="img"><br/>
18          <input type="submit" name="btnSubmit" value="提交">
19          <input type="reset" name="btnReset" value="重置">
20          <input type="button" name="btnButton" value="普通按钮"><br/>
21      </form>
22  </body>
23  </html>
```

第 10 行代码<input>标记中使用 type = "text"，表示文本框。

第 11 行代码<input>标记中使用 type = "password"，表示密码框。

第 12～13 行代码<input>标记中使用 type = "radio"，表示单选框，并使用属性 checked

默认选中性别为"男"的选项。需要注意的是 name 属性对于单选框有分组功能，具有相同 name 属性值的单选框为一组，一组中只能同时有一个被选中。

第 14～16 行代码<input>标记中使用 type = "checkbox"，表示复选框，并使用属性 checked 默认选中爱好为"跑步"和"看书"的选项。

第 17 行代码<input>标记中使用 type = "file"，表示可上传一个文件。

第 18～20 行代码<input>标记中分别使用 type = "submit"、type = "reset"、type = "button"，分别表示提交按钮、重置按钮、普通按钮。

此例效果如图 8-1 所示。

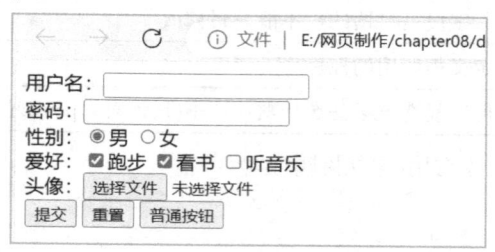

图 8-1　<input>控件常用类型及属性效果图

8.3　select 控件

select 控件

除常见的<input>控件外，在交互式页面上比较常见的还有下拉列表，下拉列表用 <select>标记定义，通常和<option>配合使用，<option>用于定义列表项。

select 控件的基本语法格式如下：

基本语法格式

```
<select name="属性值">
    <option 属性名="属性值"></option>
    <option 属性名="属性值"></option>
    <option 属性名="属性值"></option>
</select>
```

下拉列表常见的属性有 name、value、selected、form 等，其主要功能如表 8-4 所示。

表 8-4　下拉列表标记常见属性

属 性 名	功　　能
name	名称，用来标记<select>标记的名字
value	定义列表项的值，定义在<option>标记上
selected	定义下列表中的某一项默认选中，定义在<option>标记上
form	设定字段隶属于哪一个或多个表单，当页面中某个控件不在表单内部写的时候，但想要把此控件归属于某个表单，可使用此属性进行标明

【demo2】下拉列表控件。

```
1   <!DOCTYPE html>
2   <html lang="en">
3   <head>
4       <meta charset="UTF-8">
5       <meta name="viewport" content="width=device-width, initial-scale=1.0">
6       <title>下拉列表</title>
7   </head>
8   <body>
9       <form name="register" action="register.php" method="get">
10          所在地址：<select name="address">
11                  <option value="bj">北京</option>
12                  <option value="sh">上海</option>
13                  <option value="gz">广州</option>
14                  <option value="sz">深圳</option>
15                  <option value="xc" selected>许昌</option>
16              </select><br/>
17      </form>
18  </body>
19  </html>
```

第 10～16 行代码使用<select>和<option>标记配合使用设置所在地址下拉列表，包含北京、上海、广州、深圳、许昌四个城市，其中，在第 15 行代码中使用 selected 属性默认选中下拉列表中"许昌"选项。

此例效果如图 8-2 所示。

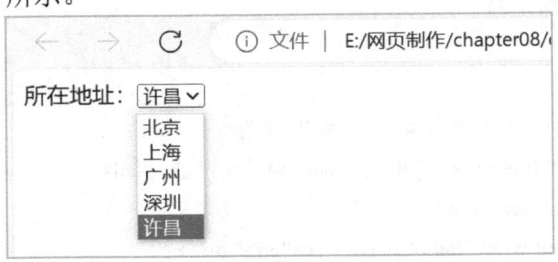

图 8-2　所在地址下拉列表效果图

8.4　其他常用控件

其他常用控件

8.4.1　label 控件

<label>控件用于为表单元素(如单选框、复选框等)提供标签或说明文本。

label 控件的基本语法格式如下：

基本语法格式

　　<label for="属性值">说明文本</label>

　　<label>控件通常与<input>控件配合使用，用于把说明文本与<input>控件绑定，其中<label>控件的 for 属性值与相关元素的 id 属性值相同。如用在单选框上，可使说明文本与单选框绑定在一起，当点击单选框后面对应的文字时，该选项会被选中或者取消选中。

　　使用<label>控件绑定内容相关控件主要有两种方法。

　　方法一：先使用<label>控件把内容文本包裹起来，然后在表单控件上添加 id 属性，最后在<label>控件的 for 属性中设置与 id 属性对应的值。

　　例如：

　　<input type="radio" name="名称" id="boy"><label for="boy" >男</label>

　　方法二：使用<label>控件把内容文本和表单控件一起包裹起来。

　　例如：

　　<label><input type="radio" name="名称" >男</label>

【demo3】<label>控件。

```
1   <!DOCTYPE html>
2   <html lang="en">
3   <head>
4       <meta charset="UTF-8">
5       <meta name="viewport" content="width=device-width, initial-scale=1.0">
6       <title>label 控件</title>
7   </head>
8   <body>
9        <form name="register" action="" method="get">
10      性别： <input type="radio" name="sex" id="boy" checked>
                <label for="boy">男</label>
11              <input type="radio" name="sex" id="girl">
                <label for="girl">女</label> <br/>
12      爱好： <label><input type="checkbox" name="" id="" checked>跑步</label>
13              <label><input type="checkbox" name="" id="" checked>看书</label>
14              <label><input type="checkbox" name="" id="">听音乐</label><br/>
15          </form>
16  </body>
17  </html>
```

　　第 10～11 行代码将性别单选框与内容(男、女)使用方法一关联绑定，绑定之后点击男、女便可选中或取消相应单选框。

第 12~14 行代码将爱好复选框与内容(跑步、看书、听音乐)使用方法二关联绑定，绑定之后点击跑步、看书、听音乐选中或取消相应复选框。

8.4.2　多行文本控件

有时候需要浏览者输入比较多的文字，如注册时的简介、留言板、评论区等。使用 <textarea> 控件定义一个多行的文本输入控件，文本区域中可容纳无限数量的文本。

多行文本控件的基本语法格式如下：

```
<textarea cols="可见宽度" rows="可见行数"></textarea>
```

在多行文本控件 <textarea> 中，可使用 cols 和 rows 属性来规定 <textarea> 的尺寸大小，但更好的办法是使用 CSS 的 height 和 width 属性。

cols：设置文本区域内可见的宽度，以字符数为单位；

rows：设置文本区域内可见的行数。

例如：

```
<form name="register" action="register.php" method="get">
    简介：<textarea name="" id="" cols="30" rows="10"></textarea><br/>
</form>
```

上述案例中使用 <textarea> 标记设置个人简介多行文本框，并使用 cols 设置可见宽度为 30，使用 rows 设置可见高度为 10，其效果如图 8-3 所示。

图 8-3　添加简介多行文本效果图

注意：在多行文本框右下角有个小三角一样的符号，可通过把鼠标放上去，手动拖动改变多行文本框的大小。

8.4.3　button 控件

<button> 控件用于定义按钮。它与 <input> 控件定义的按钮相似。但在 <button> 控件内

部，可以放置内容，比如文本或图像。这是该控件与使用<input>控件创建的按钮之间的不同之处。

button 控件的基本语法格式如下：

基本语法格式

> <button type="属性值">文本或图像</button>

type 属性：设置按钮的格式，包含三种：button(普通按钮)、submit(提交按钮)、reset(重置按钮)。

type 属性的取值情况如表 8-5 所示。

表 8-5　<button>标记 type 属性常用属性值

属 性 名	属 性 值	功　　能
type	button	普通按钮，通常配合 js 使用
	submit	提交按钮，用于提交表单输入的数据
	reset	重置按钮，用于重置表单输入的数据

需要注意的是，因为不同的浏览器对<button>控件的 type 属性使用不同的默认值，因此需始终为<button>控件规定 type 属性。

例如：

```
<form name="register" action="register.php" method="get">
    <button type="submit" name="btnSubmit">提交</button>
    <button type="reset" name="btnReset">重置</button>
    <button type="button" name="btn">普通按钮</button>
</form>
```

8.5　HTML5 新增的表单控件和属性

除以上常用元素外，HTML5 新增加了许多表单控件及属性，新特性提供了更多语义明确的表单类型，并能够及时响应用户交互行为，以适应当前的应用。

8.5.1　HTML5 新增控件

1. datalist 控件

<datalist>控件用来定义选项列表，它无法单独使用，需要与<input>控件配合使用，来定义<input>可能的值。<datalist>控件为<input>控件提供可选数据，用户能看到一个下拉列表，作为用户的输入数据。

datalist 控件的基本语法格式如下：

HTML5 新增控件

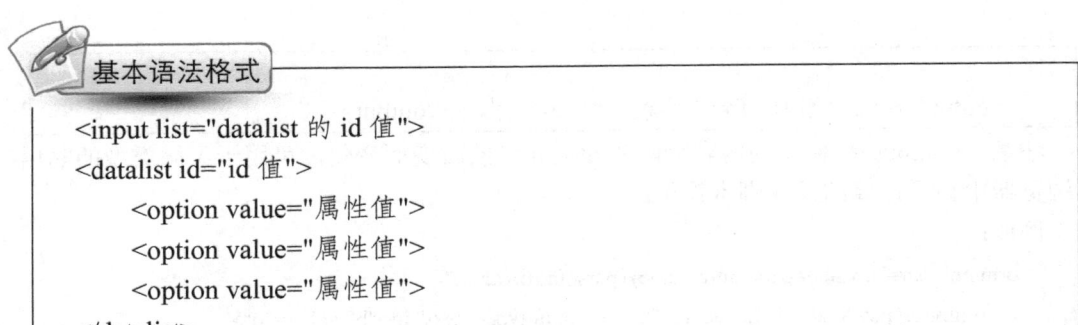

基本语法格式

```
<input list="datalist 的 id 值">
<datalist id="id 值">
    <option value="属性值">
    <option value="属性值">
    <option value="属性值">
</datalist>
```

注意：<input>控件的 list 属性的值必须和<datalist>元素的 id 值对应。

例如：

```
<form>
        所在省份：
        <input list="provinceList">
        <!--通过 <datalist> 设置<input>的预定义值 -->
        <datalist id="provinceList">
            <option value="河南省">
            <option value="河北省">
            <option value="山东省">
            <option value="山西省">
        </datalist>
</form>
```

使用<input>控件与<datalist>控件结合可实现选项列表，<input>控件的 list 属性的属性值"provinceList"和<datalist>控件的 id 值对应，其效果如图 8-4 所示。

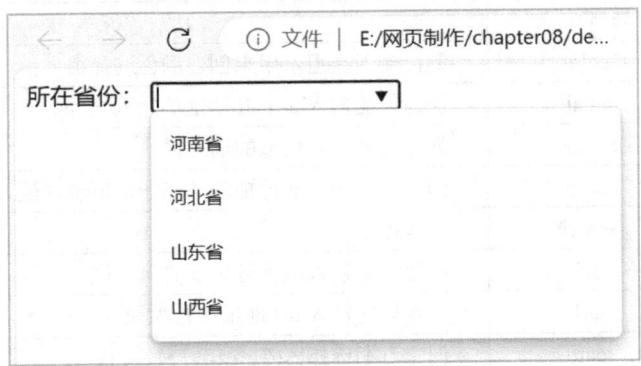

图 8-4　<datalist>控件实现选项列表效果图

2. output 控件

<output>控件用于定义不同类型的输出(例如脚本的输出)。<output>控件通常和<form>表单一起使用，用来输出显示计算结果。

output 控件的基本语法格式如下：

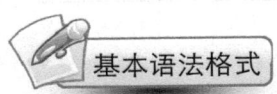

基本语法格式

```
<output name="名称" for="元素 id"> 默认内容</output>
```

注意：<output>控件中的内容会随着相关元素的改变而变化，可用于不同类型的输出，在浏览器中显示计算结果或脚本输出。

例如：

```
<form oninput="x.value=parseInt(a.value)+parseInt(b.value)">
    <input type="text" id="a" value="0"> +<input type="text" id="b" value="0">
    <!--<output> 标签显示计算结果或脚本输出-->
    =<output name="x" for="a b">0</output>
</form>
```

使用<output>控件实现加法计算器的应用，将计算结果显示在<output>元素中，其效果如图 8-5 所示。

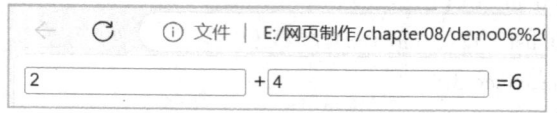

图 8-5 　<output>控件实现加法计算器效果图

8.5.2 　HTML5 新增 input 类型

HTML5 新增加了多项表单输入类型，这些新类型具有更明确的含义，提供了更好的输入控制和验证，为网页开发人员带来了极大的方便。新增加的输入类型的主要功能如表 8-6 所示。

HTML5 新增 input 类型

表 8-6 　input 控件新增类型

属 性 名	属 性 值	功　　　能
type	color	颜色输入类型，用来创建颜色选择器
	email	创建只能输入 e-mail 地址的输入框
	number	创建只能输入数值的输入框
	range	创建拖动条，通过拖动条在一定范围内输入数值
	search	创建搜索框
	tel	创建只能输入电话号码框的输入框
	url	创建只能输入 url 地址的输入域
	date	创建日期选择器(包含年、月、日)
	week	创建星期选择器(包含年、第几周)
	month	创建月份选择器(包含年、月)
	time	创建时间选择器(包含时、分)
	datetime	创建 UTC 时间选择器(包含年、月、日、时、分)
	datetime-local	创建本地时间和日期选择器(包含年、月、日、时、分)

注意：目前主流浏览器一般支持新增的<input>类型，即使不支持，也可以显示为常规的文本域。

1. 颜色类型 color

color 类型用来选取颜色，它提供了一种颜色选取器。

例如：

```
<form>
        你喜欢的颜色：<input type="color" name="color"><br/>
</form>
```

在上述案例中使用<input>控件的 type="color"，在网页中显示一个颜色盘选择器，可选择对应的颜色，其效果如图 8-6 所示。

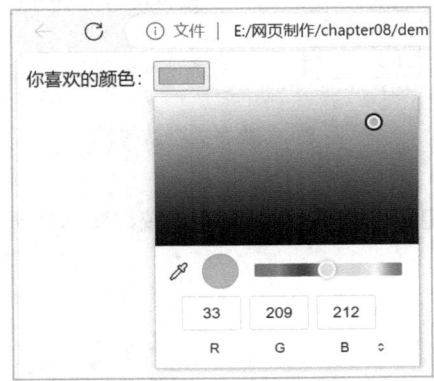

图 8-6　颜色类型效果图

2. 电子邮箱类型 email

在提交表单时，自动验证 email 域的值是否符合 email 的标准格式，不用使用正则表达式去写 email 的格式验证。

例如：

```
<form>
        邮箱：<input type="email" name="mail"><br/>
</form>
```

在上述案例中使用<input>控件的 type = "email"，在网页中显示一个文本框，在提交表单时，自动验证 email 域的值是否符合 email 的标准格式，如不符合在页面上规则出现相关提示，其效果如图 8-7 所示。

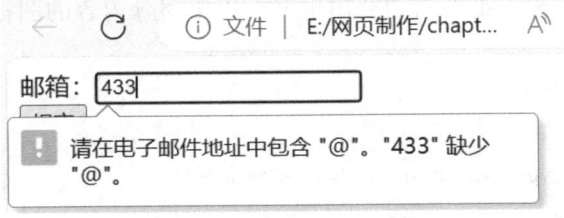

图 8-7　电子邮箱类型效果图

3. 数字类型 number

number 类型是用来专门输入数字的文本框，在提交时会检测其中内容是否为数字。例如：

```
<form>
        身高：<input type="number" max="226" min="80" step="10"><br/>
</form>
```

在上述案例中使用<input>控件的 type = "number"，在网页中显示一个数字滑动框，在提交表单时，会检测其中内容是否为数字，使用到的 max、min 及 step 三个 HTML5 的常用属性，分别表示数字最大值、最小值及每次增减的步长，其效果如图 8-8 所示。

图 8-8　数字类型效果图

4. 数值范围类型 range

range 类型用于包含一定范围内数字值的输入域，显示为滑动条，还能够设定对象所能接收的数字的范围。

例如：

```
<form>
        身高：<input type="range" max="226" min="80" step="10"><br/>
</form>
```

在上述案例中使用<input>控件的 type="range"，在网页中显示一个数字滑动条，使用到的 max、min 及 step 三个 HTML5 的常用属性，分别表示数字最大值、最小值及每次增减的步长，其效果如图 8-9 所示。

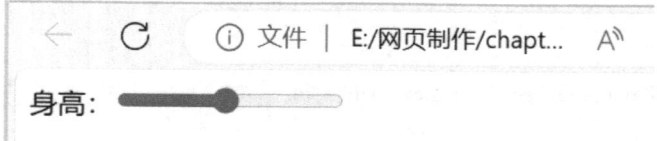

图 8-9　数值范围类型效果图

5. 搜索类型 search

search 类型是一种专门用来输入搜索关键词的文本框。不同于普通类型的文本框，当用户开始输入数据时，输入框的右边会出现一个用于清除内容的图标✕，单击此图标可以快速清除。

例如：

```
<form>
        搜索：<input type="search" name="search"><br/>
</form>
```

其效果如图 8-10 所示。

图 8-10　搜索类型效果图

6. 电话号码类型 tel

tel 类型的元素用于让用户输入和编辑电话号码，因为世界各地的电话号码格式差别很大，在提交表单之前，输入值不会被自动验证为特定格式。尽管 tel 类型的输入在功能上和 text 输入一致，但它们确实有用，其中最明显的就是移动浏览器，特别是在手机上可能会选择专为输入电话号码而优化的数字键盘。

例如：

```
<form>
        手机号码：<input type="tel" name="tel"><br/>
</form>
```

其效果如图 8-11 所示。

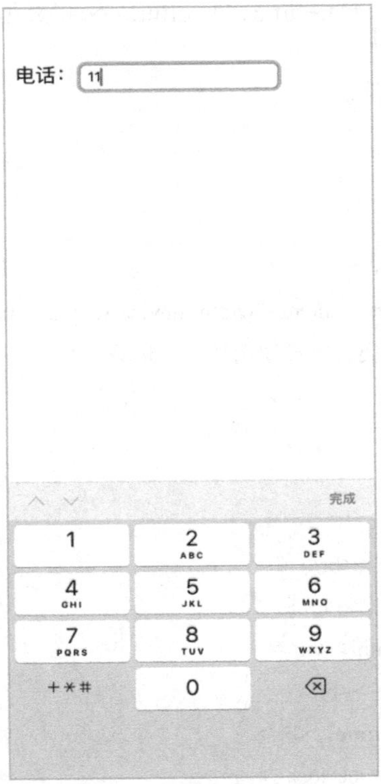

图 8-11　电话号码类型效果图

7. 网络地址类型 url

type 属性设置为 url，在提交表单时，会自动验证 url 域的值是否符合 url 的标准格式，输入的内容中必须包含"http://"，后面必须有内容，如百度网址或谷歌网址。

例如：

```
<form>
        博客：<input type="url" name="blog"><br/>
</form>
```

在上述案例中使用<input>控件的 type = "url"，在网页中显示一个文本框，在提交表单时，自动验证 url 域的值是否符合 url 的标准格式，如不符合在页面上会规则出现相关提示，其效果如图 8-12 所示。

图 8-12　网络地址类型 url 效果图

8.　(DatePickers)日期选择器

date、week、month、time、datetime、datetime-local 类型是六种样式不同的时间日期选择器控件，统称为日期选择器。

【demo4】日期选择器控件。

```
1  <!DOCTYPE html>
2  <html lang="en">
3  <head>
4      <meta charset="UTF-8">
5      <meta name="viewport" content="width=device-width, initial-scale=1.0">
6      <title>input 控件新增类型：日期选择器</title>
7  </head>
8  <body>
9      <form>
10         日期：<br/>
11         <input type="date"><br/>
12         <input type="week"><br/>
13         <input type="month"><br/>
14         <input type="time"><br/>
15         <input type="datetime"><br/>
16         <input type="datetime-local"><br/>
17     </form>
18 </body>
19 </html>
```

第 11 行代码使用<input>控件的 type = "date"，点击文本框右侧按钮在网页中显示一个日期选择器，该日期的格式为年、月、日。

第 12 行代码使用<input>控件的 type = "week"，点击文本框右侧按钮在网页中显示一个星期选择器，该日期的格式为第几周、年。

第 13 行代码使用<input>控件的 type = "month"，点击文本框右侧按钮在网页中显示一个月份选择器，该日期的格式为年、月。

第 14 行代码使用<input>控件的 type = "time"，点击文本框右侧按钮在网页中显示一个时间选择器，该日期的格式为时、分。

第 15 行代码使用<input>控件的 type = "datetime"，正常情况下点击文本框右侧按钮在网页中显示一个 UTC 时间选择器，该日期的格式为年、月、日、时、分。但页面中只显示了一个文本框，这是因为 Internet Explorer、Firefox 或者 Chrome 不支持<input type = "datetime">元素，只有部分 Safari、Opera 12 以及更早的版本中完全支持。

第 16 行代码使用<input>控件的 type = "datetime-local"，点击文本框右侧按钮在网页中显示一个本地日期和时间选择器，该日期的格式为年、月、日、时、分。

此例效果如图 8-13 所示。

图 8-13　六种日期选择器效果图

8.5.3　HTML5 新增表单属性

除新增加的控件外，HTML5 表单新增加了大量的属性，以前需要使用 JavaScript 来实现的一些功能，现在使用 HTML5 的属性即可实现，极大地优化了用户体验，减轻了 Web 前端开发的工作量。

HTML5 新增表单属性

HTML5 的<form>表单中添加了一些新属性，具体功能如表 8-7 所示。

表 8-7　<form>元素新增属性

属 性 名	功　　　能
autocomplete	规定<form>域应该拥有自动完成功能，可设置该功能打开或关闭 autocomplete = "on/off "
novalidate	HTML 表单元素的一个布尔属性，用于设置浏览器不对表单进行验证，当该属性被添加到<form>元素上时，浏览器将不会执行默认的表单验证，不会检查输入字段是否符合指定的验证规则

【demo5】HTML5 新增加的表单属性。

```
1   <!DOCTYPE html>
2   <html lang="en">
3   <head>
4       <meta charset="UTF-8">
5       <meta name="viewport" content="width=device-width, initial-scale=1.0">
6       <title>form 表单新增属性</title>
7   </head>
8   <body>
9       <form autocomplete="off/on" novalidate>
10          用户名：<input type="text" name="userName"><br/>
11          密码：<input type="password" name="password"><br/>
12          <input type="submit" name="btnSubmit">
13      </form>
14  </body>
15  </html>
```

第 9 行代码中，当<form>控件中 autocomplete = "off "时，焦点在用户名的文本框时，不会提示自动填充的内容，如图 8-14 所示；当 autocomplete = "on"时，焦点在用户名的文本框时，会提示自动填充的内容，如图 8-15 所示。当<form>控件中添加 novalidate 属性时，浏览器将不会执行默认的表单验证，不会检查输入字段是否符合指定的验证规则。

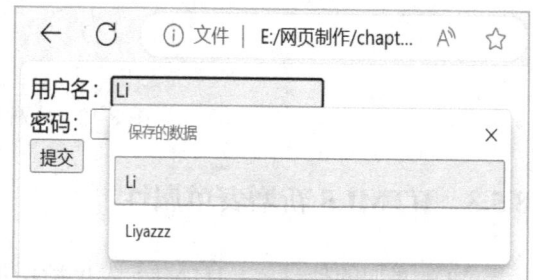

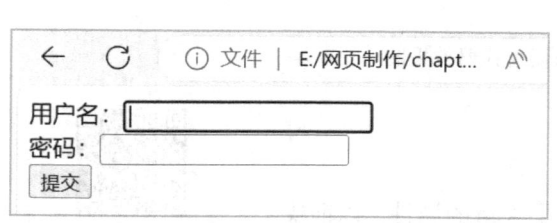

图 8-14　自动完成属性值为 off 的效果图　　　　图 8-15　自动完成属性值为 on 的效果图

HTML5 的<input>控件中添加了一些新属性，具体功能如表 8-8 所示。

表 8-8　　\<input>控件新增属性

属 性 名	功　　能
required	校验输入框填写内容不能为空，如果为空将弹出提示框，并阻止表单提交
placeholder	占位符，提示用户在此文本框输入的内容，默认灰色显示，当鼠标光标在文本框时，此提示文本会自动消失
max	最大值，规定\<input>元素最大值
min	最小值，规定\<input>元素最小值
step	步长，规定\<input>元素步长
autofocus	指定页面加载后是否自动获取焦点
pattern	规定用于验证\<input>元素的值的正则表达式
autocomplete	设定是否自动完成表单字段内容。填写并提交表单，然后重新刷新页面查看如何自动填充内容。默认为不填充
form	设定字段隶属于哪一个或多个表单，当页面中，某个控件不在表单内部写的时候，但想把此控件归属于某个表单，可使用此属性进行标明
formaction	属性覆盖 form 元素的 action 属性，规定向何处发送表单数据
formmethod	覆盖 form 元素的 method 属性。定义发送表单数据到 action url 的 HTTP 方法
list	指定字段的候选数据值列表
multiple	指定输入框是否可以选择多个值，常用于一次性选中上传多个文件

1. required 属性

一旦为某输入型控件设置了 required 属性，则此项为必填项，不能为空，如果为空将弹出提示框，并阻止提交表单，适用于以下类型的\<input>控件：text、search、url、tel、email、password、date pickers、number、checkbox、radio 以及 file。

例如：

```
<form>
    用户名：<input type="text" name="userName" required><br/>
    密码：<input type="password" name="password" required><br/>
    <input type="submit" name="btnSubmit">
</form>
```

在上述案例中为两个\<input>控件设置 required 属性后，用户名、密码所代表的输入框不能为空，如果为空将弹出相关提示，如图 8-16 所示。

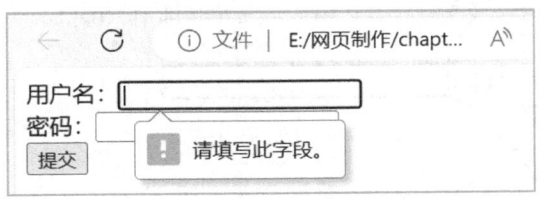

图 8-16　required 属性的效果图

2. placeholder 属性

placeholder 属性为 input 控件提供一种提示信息，该属性的值将会以灰色的字体显示在文本框中，当文本框获得焦点时，提示信息消失；当失去焦点时，提示信息显示(前提是该文本框的内容为空)，适用于以下类型的<input>控件：text、search、url、tel、email 以及 password。

例如：

```
<form>
    用户名：<input type="text" name="userName" placeholder="请输入用户名..."><br/>
    密码：<input type="password" name="password" placeholder="请输入密码..."><br/>
    <input type="submit" name="btnSubmit">
</form>
```

为两个<input>控件设置 placeholder 属性后，页面加载之后用户名、密码框会有灰色提示文字："请输入用户名..." "请输入密码..."，如图 8-17 所示。当在密码框输入内容后，灰色提示文本就消失了，如图 8-18 所示。

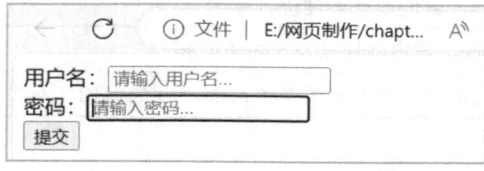

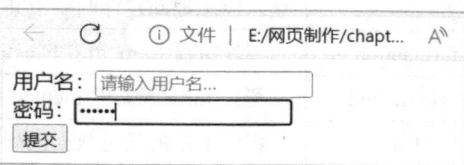

图 8-17　未输入提示内容效果图　　　　　图 8-18　输入提示内容效果图

3. autofocus 属性

autofocus 属性是指在页面加载时，控件自动获得焦点，可以直接输入内容。这个属性在注册登录页面及其他表单的第一个<input>控件中比较实用。

例如：

```
<form>
    用户名：<input type="text" name="userName" autofocus><br/>
    密码：<input type="password" name="password"><br/>
    <input type="submit" name="btnSubmit">
</form>
```

用户名<input>控件中设置 autofocus 属性，当页面加载之后，光标焦点会默认在第一个文本框里，如图 8-19 所示。

图 8-19　输入提示内容效果图

由上图可看到当页面加载之后，第一个<input>控件用户名会自动获取焦点。

4. pattern 属性

pattern 属性描述了一个正则表达式用于验证<input>控件的值，适用于以下类型的<input>控件：text、search、url、tel、email 和 password。

例如：

```
<form>
    用户名：<input type="text" name="userName"><br/>
    密码：<input type="password" name="password" pattern="^[a-zA-Z]\w{5,17}$">
        <br/>
    <input type="submit" name="btnSubmit">
</form>
```

密码<input>控件中设置 pattern = "^[a-zA-Z]\w{5,17}$"，当前正则表达式表示的是：以字母开头，长度在 6～18 之间，只能包含字母、数字和下画线。当页面加载之后，在密码框中输入的密码不符合规则时，提交表单时会出现相关提示，如图 8-20 所示。

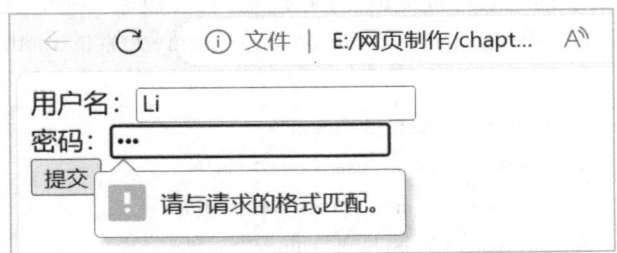

图 8-20 pattern 属性效果图

拓展：常见的正则表达式如表 8-9 所示。

表 8-9 常见的正则表达式

正则表达式	说　　明
^\w+([-+.]\w+)*@\w+([-.]\w+)*\.\w+([-.]\w+)*$	Email 地址
[a-zA-z]+://[^\s]* 或 ^http://([\w-]+\.)+[\w-]+(/[\w-./?%&=]*)?$	URL 地址
^\d{15}|\d{18}$	身份证号(15 位、18 位数字)
^([0-9]){7,18}(x|X)?$ 或 ^\d{8,18}|[0-9x]{8,18}|[0-9X]{8,18}?$	以数字、字母 x 结尾的短身份证号码
^[a-zA-Z][a-zA-Z0-9_]{4,15}$	账号是否合法(字母开头，允许 5～16 字节，允许字母数字下划线)
^[a-zA-Z]\w{5,17}$	密码(以字母开头，长度在 6～18 之间，只能包含字母、数字和下画线)

5. form 属性

在 HTML5 之前，表单中所有的控件都必须包含在<form>表单中，但在 HTML5 中，表单控件可以写在<form>表单外，在<input>控件内使用 form 属性指定属于对应表单(该<input>控件仍然属于<form>表单的一部分)。form 属性规定输入域所属的一个或多个表单，如需引用一个以上的表单，请使用空格分隔的列表。

例如：

```
<form    action="#" method="get" id="login">
    用户名：<input type="text" name="userName"><br/>
    密码：<input type="password" name="password"><br/>
</form>
    <input type="submit" name="btnSubmit" form="login">
```

<form>表单中设置 id = "login"，在<form>表单外的<input>属性中使用 form = "login"指定提交按钮仍属于上面 id 名为 login 的表单。

6. formaction、formmethod 属性

formaction 属性用于描述表单提交的 URL 地址，它会覆盖<form>元素中的 action 属性；formmethod 属性定义了表单提交的方式，它会覆盖<form>元素的 method 属性。

例如：

```
<form    action="login.php" method="get" id="login">
    用户名：<input type="text" name="userName"><br/>
    密码：<input type="password" name="password"><br/>
    <input type="submit" name="btnSubmit" value="登录">
    <input type="submit" name="btnSubmit" value="注册"
        formaction="register.php" formmethod="post" >
</form>
```

<form>表单中定义了两个按钮，登录和注册。点击登录按钮时使用 get 方式将表单提交到 login.php 页面，如图 8-21 所示。此外，在注册按钮中使用了 formaction = "register.php"、formmethod = "post"改变了表单提交的 URL 地址及提交方式，因此，点击注册按钮时使用 post 方式将表单提交到 register.php 页面，如图 8-22 所示。

图 8-21　点击登录按钮后效果图

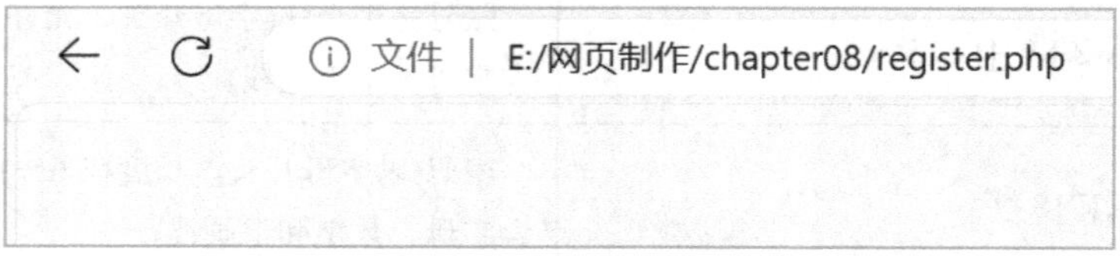

← 　C　　ⓘ 文件 ｜ E:/网页制作/chapter08/register.php

图 8-22　点击注册按钮后效果图

8.6　案例：制作"用户注册表"网页

8.6.1　任务描述

制作"用户注册表"

用户注册是网站的一个非常重要的常见功能，通过账号注册，网站或平台能够对用户身份进行核实，并采取相应的安全措施来保护用户的个人信息免受黑客攻击和数据泄露。网站可以通过注册来保存用户信息，从而方便用户访问及查阅个人信息。在用户注册页面设计中，运用了 HTML5 中的表单控件。下面我们制作"用户注册表"页面，网页浏览效果如图 8-23 所示。

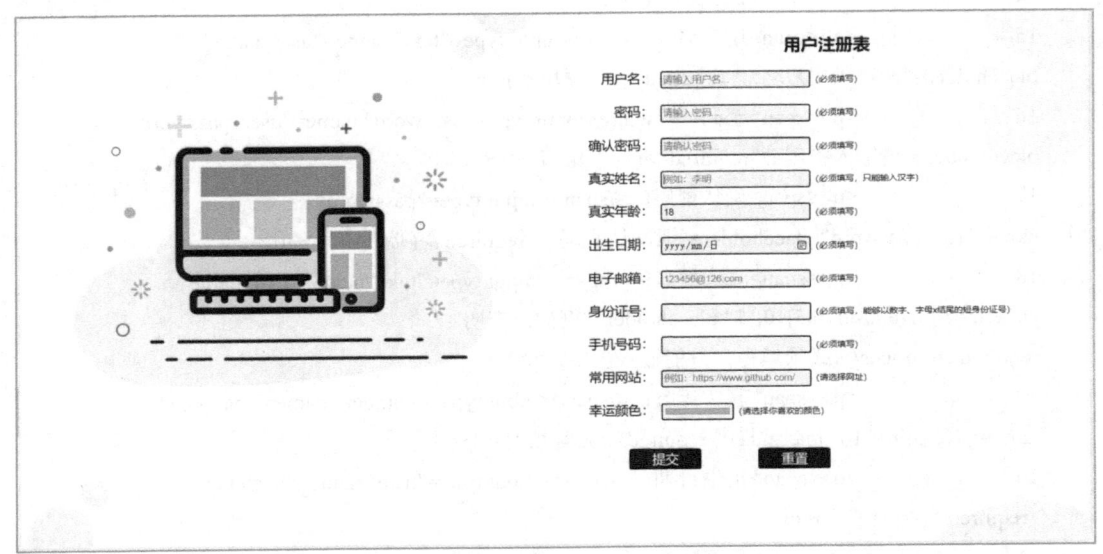

图 8-23　"用户注册表"网页效果图

8.6.2　实施步骤

下面我们来制作网页。

(1) 打开站点根目录。打开 VS Code，选择并打开 chapter08 文件夹。

(2) 准备图像素材。将本项目图像素材复制到子文件夹"img"中。

(3) 新建网页"index.html"。

(4) 生成网页文件基本代码。

(5) 输入网页标题。在<title>和</title>之间输入"用户注册表"。

(6) 输入网页内容代码，代码如下：

```
1  <!DOCTYPE html>
2  <html lang="en">
```

```
3    <head>
4        <meta charset="UTF-8">
5        <meta name="viewport" content="width=device-width, initial-scale=1.0">
6        <title>用户注册表</title>
7    </head>
8    <body>
9        <div class="register">
10           <div class="left">
11               <img src="./img/left.png" alt="">
12           </div>
13           <form action="#" method="get" autocomplete="off">
14               <h1>用户注册表</h1>
15               <p><span>用户名：</span><input type="text" name="user_name"
     placeholder="请输入用户名..." required />(必须填写)</p>
16               <p><span>密码：</span><input type="password" name="user_passwprd"
     placeholder="请输入密码..." required />(必须填写)</p>
17               <p><span>确认密码：</span><input type="password"
     name="req_passwprd" placeholder="请确认密码..." required />(必须填写)</p>
18               <p><span>真实姓名：</span><input type="text" name="real_name"
     pattern="^[\u4e00-\u9fa5]{0,}$" placeholder="例如：李明"
     required autofocus/>(必须填写，只能输入汉字)</p>
19               <p><span>真实年龄：</span><input type="number" name="real_lage"
     value="18" min="16" max="120" required/>(必须填写)</p>
20               <p><span>出生日期：</span><input type="date" name="birthday"
      required/>(必须填写)</p>
21               <p><span>电子邮箱：</span><input type="email" name="myemail"
     placeholder="123456@126.com" required/>(必须填写)</p>
22               <p><span>身份证号：</span><input type="text" name="card" required
     pattern="^\d{8,18}|[0-9x]{8,18}|[0-9X]{8,18}?$"/>(必须填写，能够以数字、字母 x 结尾的
     短身份证号)</p>
23               <p><span>手机号码：</span><input type="tel" name="telphone"
     pattern="^\d{11}$" required/>(必须填写)</p>
24               <p><span>常用网站：</span><input type="url"
     name="myurl" list="urllist" placeholder="例如：https://www.github.com/"
     pattern="^http://([\w-]+\.)+[\w-]+(/[\w-./?%&=]*)?$"/>(请选择网址)
25               <datalist id="urllist">
26                   <option>https://www.github.com/</option>
27                   <option>https://www.nowcoder.com/</option>
28                   <option>https://www.imooc.com/</option>
```

```
29                </datalist>
30            </p>
31            <p class="lucky"><span>幸运颜色: </span><input type="color"
name="lovecolor" value="#52baff"/>(请选择你喜欢的颜色)</p>
32            <p class="btn">
33                <input type="submit" value="提交"/>
34                <input type="reset" value="重置"/>
35            </p>
36        </form>
37    </div>
38 </body>
39 </html>
```

第 15 行代码设置用户名为 <input> 控件中的文本框,使用 placeholder 属性设置提示文本:"请输入用户名...",使用 required 属性设置用户名必须填写。

第 16~17 行代码设置密码、确认密码为<input>控件中的密码框,使用 placeholder 属性设置提示文本:"请输入密码...""请确认密码...",使用 required 属性设置用户名必须填写。

第 18 行代码设置真实姓名为<input>控件中的文本框,使用 placeholder 属性设置提示文本:"例如:李明",使用 pattern 属性验证输入内容必须为中文汉字,使用 required 属性设置用户名必须填写。

第 19 行代码设置真实年龄为<input>控件中的数字类型,使用 value 属性设置默认值为 18,min 属性设置最小值为 16,max 属性设置最大值为 120,使用 required 属性设置用户名必须填写。

第 20 行代码设置出生日期为<input>控件中的日期选择器,使用 required 属性设置用户名必须填写。

第 21 行代码设置电子邮箱为<input>控件中的邮箱类型,使用 required 属性设置用户名必须填写。

第 22 行代码设置身份证号为<input>控件中的文本框,使用 pattern 属性设置验证输入内容必须为身份证号码,使用 required 属性设置用户名必须填写。

第 23 行代码设置手机号码为<input>控件中的电话号码,使用 pattern 属性设置验证输入内容必须为 11 位数字组成的手机号码,使用 required 属性设置用户名必须填写。

第 24~30 行代码设置常用网站为可选择的 datalist 选项列表,其中第 24 行代码设置常用网站为<input>控件中的网址,使用 placeholder 属性设置提示文本:"例如:https://www.github.com/",并使用 pattern 属性二次验证选择网站必须为网址,使用 list 属性设置属性值为"myurl",与<datalist>控件中的 id 值一致。

第 31 行代码设置幸运颜色为<input>控件中的颜色类型,使用 value 属性设置默认颜色为:#52baff。

第 32~35 行代码设置按钮为<input>控件中的提交、重置按钮。

(7) 在 head 标记中第 6 行与第 7 行代码之间输入网页样式,代码如下:

```
1   <style>
2       *{
3           padding:0;
4           margin:0;
5           font-family:"微软雅黑";
6       }
7       .register{
8           width:1500px;
9           height:800px;
10          background:url(./img/bg_1.png) no-repeat;
11          background-size: 100% 100%;
12          position:relative;
13      }
14      .register .left{
15          position: absolute;
16          left: 5%;
17          top: 15%;
18      }
19      .left img{width: 600px;}
20      form{
21          width:700px;
22          height:400px;
23          margin:50px auto;
24          padding-left:30px;
25          position:absolute;
26          left:50%;
27      }
28      h1{
29          text-align:center;
30          margin:16px 0;
31      }
32      p{margin-top:20px;}
33      p span{
34          width:110px;
35          display:inline-block;
36          text-align:right;
37          padding-right:10px;
38          font-size: 18px;
```

```
39        }
40    p input{
41            width:200px;
42            height:18px;
43            padding:2px;
44            /* 设置边框为 1px，实线，灰色 */
45            border:1px solid #d4cdba;
46            /* 圆角边框 */
47            border-radius: 3px;
48            /* 背景颜色 */
49            background-color: #eaf5fe;
50        }
51    /* 活动样式 */
52    p input:hover{background-color: #fff;}
53    .lucky input{
54            width:100px;
55            height:24px;
56        }
57    .btn input{
58            width:100px;
59            height:30px;
60            background:#000;
61            margin-top:20px;
62            margin-left:75px;
63            border: none;
64            font-size:18px;
65            font-family:"微软雅黑";
66            color:#fff;
67        }
68    .btn input:hover{background-color: #918f8f;}
69 </style>
```

第 2～6 行代码设置总体样式。

第 7～13 行代码设置注册表的整体样式。

第 14～19 行代码设置左侧图片布局、样式。

第 20～27 行代码设置右侧表单的整体布局、样式。

第 28～39 行代码设置表单中标题 h1、段落 p 等标记的样式。

第 40～50 行代码设置表单中<input>控件的样式：其中第 45 行代码设置边框为 1 px 实线#d4cdba，第 47 行代码设置圆角边框为 3 px，第 49 行代码设置背景颜色为#eaf5fe。

第 52 行代码设置当鼠标悬浮到<input>时背景颜色由 #eaf5fe 变成 #fff。

第 53～56 行代码设置表单中幸运颜色的<input>控件的宽度和高度。

第 57～68 行代码设置提交、重置按钮的宽度、高度、背景颜色、圆角、字体大小及字体颜色等样式，其中第 68 行代码设置当鼠标悬浮在按钮时背景颜色由#000 变成#918f8f。

(8) 保存、预览网页。

项 目 小 结

本项目学习了使用 HTML 在网页中制作表单的方法，主要包含以下内容：

◆ 表单标记<form>的使用。

◆ 文本框、密码框、单选框、复选框、按钮等 input 控件的使用。

◆ <input>控件中相关属性的使用。

◆ 下拉菜单框<select>、<option>及相关属性的使用。

◆ 其他常用控件<label>、<button>及<textarea>的使用。

◆ HTML5 新增的表单控件及属性的使用。

单元测试与项目实践

1．选择题

(1) 在 HTML 上，将表单中<input>控件的 type 属性值设置为(   )时，用于创建重置按钮。

A．reset   B．set   C．button   D．image

(2) 要在表单中创建一个多行文本输入框，初始值为：这是一个多行文本框，下列语句正确的是(   )。

A．<textarea name="text1" value="这是一个多行文本框"> </ textarea >

B．<input type= "text" value="这是一个多行文本框" name="text1">

C．<input type= "textarea" name="text1" value="这是一个多行文本">

D．< textarea name="text1" cols=20 rows=5>这是一个多行文本框</ textarea >

(3) 阅读以下代码段，则可知(   )。

```
<input type="text" name="textfield">
<input type="radio" name="radio" value="女">
<input type="checkbox" name="checkbox" value="checkbox">
<input type="file" name="file">
```

A．上面代码表示的表单元素类型分别是：文本框、单选按钮、复选框、文件域

B．上面代码表示的表单元素类型分别是：文本框、复选框、单选按钮、文件域

C．上面代码表示的表单元素类型分别是：密码框、多选按钮、复选框、文件域

D．上面代码表示的表单元素类型分别是：文本框、单选按钮、下拉列表框、文件域

(4) 对于<form action="URL" method=*>标记，其中*代表 get 或(   )。

A. set　　　　　　B. put　　　　　　C. post　　　　　　D. input

(5) 关于下列代码描述错误的是(　　)。

```
<select name="cars">
    <option value="volvo">Volvo</option>
    <option value="saab">Saab</option>
    <option value="fiat">Fiat</option>
    <option value="audi">Audi</option>
</select>
```

A. 创建一个下拉选择域　　　　　　B. 每次只能选中其中一项

C. 默认的选项是"cars"　　　　　　D. cars 字段的值是一个字符串

(6) 在 HTML 中，(　　)标记用于在网页中创建表单。

A. `<input>`　　　B. `<select>`　　　C. `<table>`　　　D. `<form>`

2. 项目实践

本项目学习了表单控件及属性，制作了"用户注册表"页面，下面我们通过制作"大学生课外阅读问卷调查"页面，巩固使用表单控件及属性的方法，网页浏览效果如图 8-24 所示。

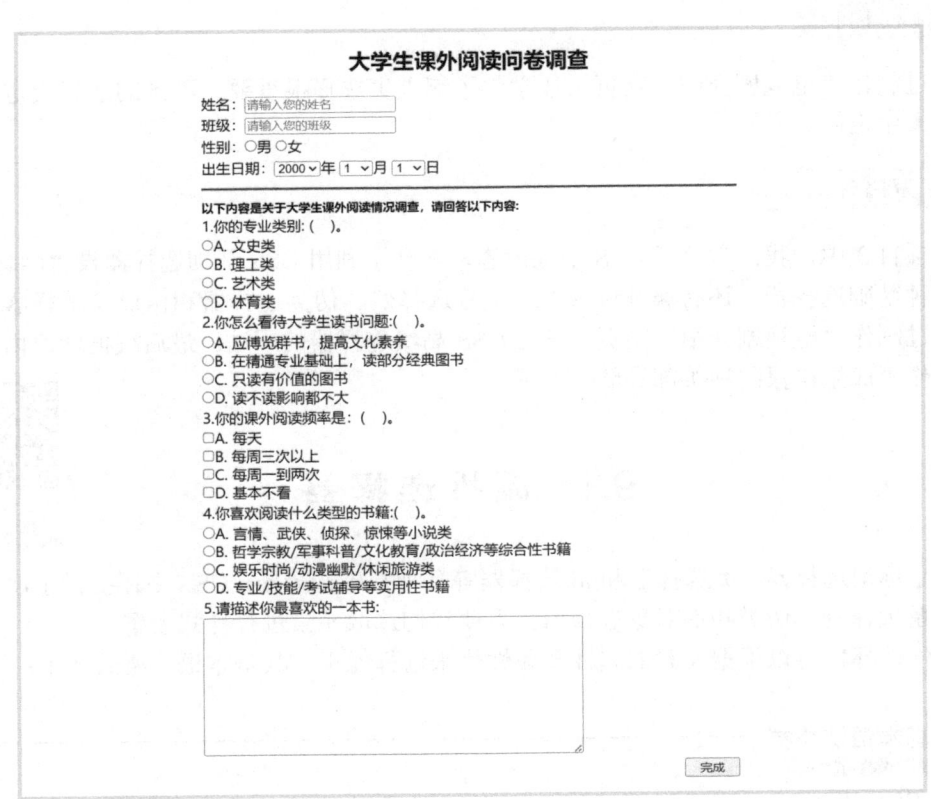

图 8-24　"大学生课外阅读问卷调查"网页效果图

项目 9 CSS 高级选择器

◇ 知识目标

◆ 理解 CSS 关系选择器，能够准确判断元素与元素间的关系；
◆ 熟悉 CSS 属性选择器，能够运用属性选择器为页面中的元素添加样式；
◆ 熟悉伪类和伪对象选择器，掌握其具体用法。

◇ 能力目标

◆ 能够综合使用各种高级选择器设置网页样式。

◇ 思政目标

通过制作"电视剧介绍"网页，让学生了解人生选择很重要，不同的选择决定了我们不同的人生走向。

◇ 任务描述

在项目 3 中，我们学习了 CSS 基础内容，学会了利用 CSS 基础选择器设置网页样式。除了几种基础选择器，还有属性选择器、关系选择器、伪类选择器和伪对象选择器，本项目将通过制作"电视剧介绍"网页，学习 CSS 高级选择器的用法。最后根据学习内容，同学们制作"成果申报网站头部导航"网页。

9.1 属性选择器

属性选择器

除了标记选择器、类选择器和 id 选择器等几种基础选择器，CSS 中还提供了属性选择器、关系选择器、伪类和伪对象选择器，方便我们选取元素进行样式设置。

属性选择器可以根据元素的属性及属性值来选择元素，其基本语法格式如下：

基本语法格式

```
E[attribute]{
    属性 1: 属性 1 值; 属性 2: 属性 2 值; ...
}
```

E 代表元素，attribute 代表属性描述。

常见属性选择器格式如表 9-1 中所示。

表 9-1　属 性 选 择 器

选 择 器	功 能 描 述
E[attribute]	选取带有指定属性的元素
E[attribute = value]	选取带有指定属性和值的元素
E[attribute~ = value]	选取属性值中包含指定词汇的元素
E[attribute|= value]	选取带有以指定值开头的属性值的元素，该值必须是整个单词
E[attribute^ = value]	选取属性值以指定值开头的元素
E[attribute$ = value]	选取属性值以指定值结尾的元素
E[attribute* = value]	选取属性值中包含指定值的元素

【demo1】属性选择器。

```
1   <!DOCTYPE html>
2   <html>
3   <!DOCTYPE html>
4   <head>
5       <title>属性选择器</title>
6       <style>
7           li[class=abc] { background: #ccc;}
8           li[name]{ text-decoration: underline; }
9           li[class$=c]{font-weight: bolder; }
10      </style>
11  </head>
12  <body>
13      <ul>
14          <li class="abc">列表项目 1</li>
15          <li class="acb">列表项目 2</li>
16          <li >列表项目 3</li>
17          <li class="bca" name="last">列表项目 4</li>
18      </ul>
19  </body>
20  </html>
```

此例运行效果如图 9-1 所示。

第 7 行代码选取了属性中包含 class 属性，并且 class 的值为 abc 的 li 元素。

第 8 行代码选取了属性中包含 name 属性的 li 元素。

第 9 行代码选取了属性中包含 class，并且 class 的值以 c 结尾的 li 元素。

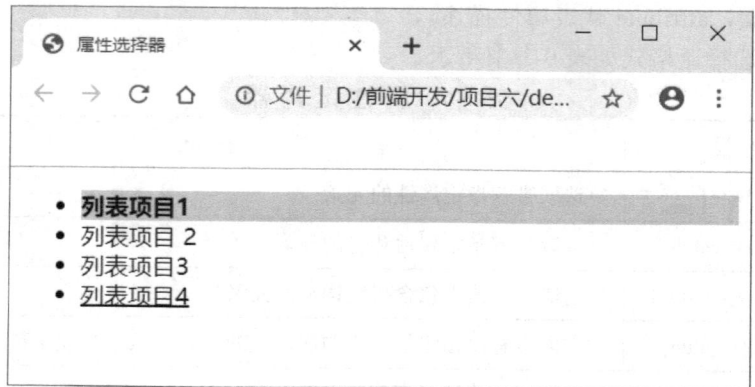

图 9-1　属性选择器效果图

9.2　关系选择器

关系选择器包括后代选择器、子代选择器和兄弟选择器。

关系选择器

9.2.1　后代选择器

后代选择器选择其后代的所有元素。后代选择器的基本语法格式如下：

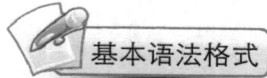基本语法格式

> E F{属性 1: 属性 1 值; 属性 2: 属性 2 值; ... }

选择所有被 E 元素包含的 F 元素，并为 F 元素赋予后面的属性值。

【demo2】后代选择器

```
1   <!DOCTYPE html>
2   <html>
3   <head>
4       <meta charset="utf-8">
5       <title>后代选择器</title>
6       <style>
7           .test li a {
8               font-weight: bolder;
9               text-decoration: none;
10          }
11      </style>
12  </head>
13  <body>
```

```
14      <ul class="test">
15          <li>
16              <a href="#">列表项目 1</a>
17              <ul>
18                  <li><a href="#">项目列表 1.1</a></li>
19                  <li><a href="#">项目列表 1.2</a></li>
20              </ul>
21          </li>
22          <li><a href="#">列表项目 2</a></li>
23      </ul>
24  </body>
25  </html>
```

第 7～10 行代码使用了后代选择器，选择套用了 test 类的元素的后代 li 的后代 a，即外层<ul class="test">标记中的 li 元素中的 a 元素都被选中了。此例运行效果如图 9-2 所示。

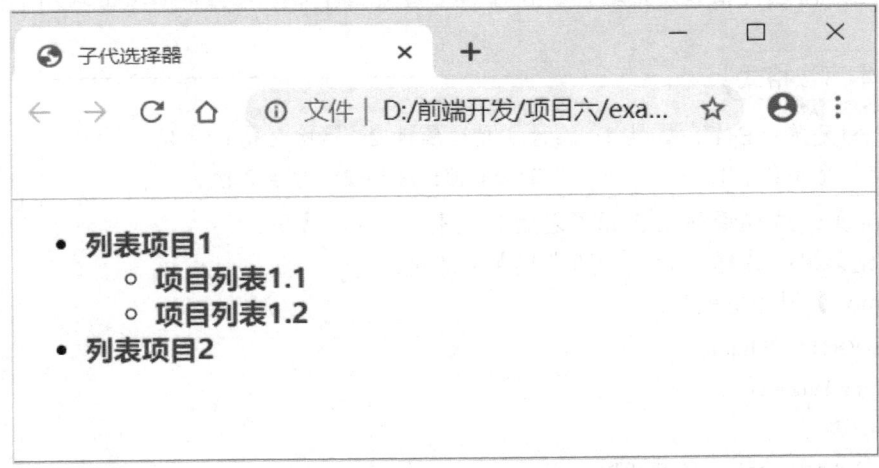

图 9-2　后代选择器效果图

9.2.2　子代选择器

子代选择器主要用来选择某个元素的第一级子元素。子代选择器的基本语法格式如下：

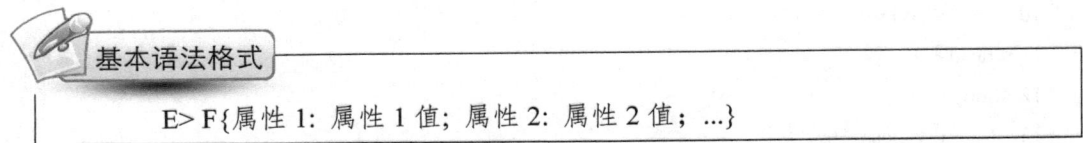

基本语法格式

E> F{属性 1: 属性 1 值; 属性 2: 属性 2 值; ...}

选择所有作为 E 元素的一级子元素 F。

将【demo2】案例中的第 7～10 行代码改为使用子代选择器 .test>li>a{font-weight: bolder;text-decoration: none;}，效果如图 9-3 所示。

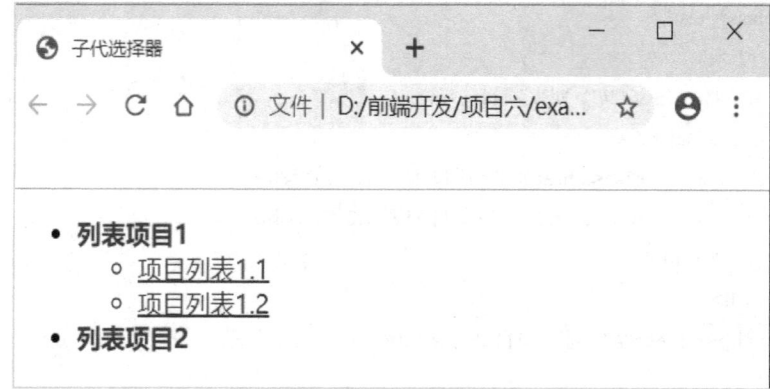

图 9-3　子代选择器效果图

9.2.3　兄弟选择器

兄弟选择器包含相邻兄弟选择器和相邻兄弟组选择器，其基本语法格式如下：

基本语法格式

> 相邻兄弟：E＋F{ 属性 1: 属性 1 值; 属性 2: 属性 2 值; ... },
> 　相邻兄弟组：E~F{ 属性 1: 属性 1 值; 属性 2: 属性 2 值; ... },

相邻兄弟：选择紧贴在 E 元素之后 F 元素。

相邻兄弟组：选择 E 元素后所有兄弟元素 F。

【demo3】兄弟选择器。

```
1   <!DOCTYPE html>
2   <html lang="en">
3   <head>
4       <meta charset="UTF-8">
5       <meta name="viewport" content="width=device-width, initial-scale=1.0">
6       <meta http-equiv="X-UA-Compatible" content="ie=edge">
7       <title>Document</title>
8       <style >
9           h3+p {text-decoration:line-through}
10       </style>
11  </head>
12  <body>
13      <div class="test">
14          <h3>这是一个标题</h3>
15          <p>这是一个文字段落</p>
16          <p>这是一个文字段落</p>
```

17	\<h3\>这是一个标题\</h3\>
18	\<p\>这是一个文字段落\</p\>
19	\<h3\>这是一个标题\</h3\>
20	\<p\>这是一个文字段落\</p\>
21	\<p\>这是一个文字段落\</p\>
22	\</div\>
23	\</body\>
24	\</html\>

第 9 行代码使用的是相邻兄弟选择器，选择紧贴在\<h3\>后面的\<p\>设置删除线。此例运行效果如图 9-4 所示。

将 demo3 中第 9 行代码中的 "+" 号改为 "～" 之后，运行效果如图 9-5 所示。

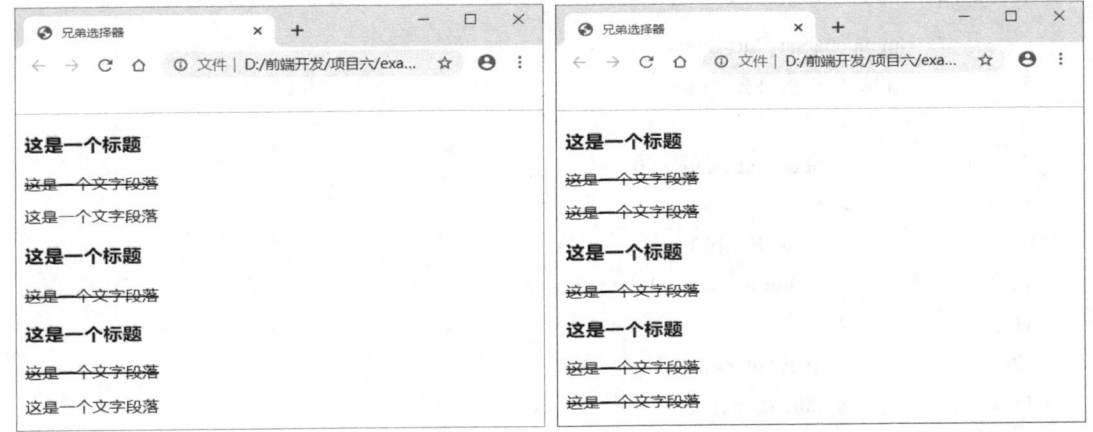

图 9-4　相邻兄弟选择器效果图　　　　图 9-5　相邻兄弟组选择器效果图

相邻兄弟组选择器选择在\<h3\>后面的所有\<p\>，如果有多个\<p\>标记，都会被选中。

9.3　伪类选择器

常见的伪类选择器如表 9-2 所示。

伪类选择器

表 9-2　伪 类 选 择 器

选 择 器	描　　述
E:link	选择所有未被访问的链接
E:visited	选择所有访问过的链接
E:hover	选择鼠标悬停其上的元素
E:active	选择活动的元素
E:focus	选择获得焦点的元素
E:not(s)	选择不含有 s 选择符的元素 E
:root	选择文档的根元素

续表

选 择 器	描 述
E:first-child	选择父元素的第一个子元素 E
E:last-child	选择父元素的最后一个子元素 E
E:only-child	选择父元素的唯一子元素 E
E:nth-child(n)	选择父元素的第 n 个子元素 E，假设该子元素不是 E，则选择符无效

下面我们通过一个简单的网页例子学习伪类选择器的具体使用。

【demo4】伪类选择器。

```
1    <!DOCTYPE html>
2    <html>
3    <head>
4         <meta charset="utf-8">
5         <title>伪类选择器</title>
6         <style>
7              *{padding: 0;margin: 0;}
8              div{
9                   width: 160px;
10                  border: 1px solid #dddddd;}
11             a{
12              display: block;
13              width: 150px;
14              height: 35px ;
15              line-height: 35px;
16              text-decoration: none;padding-left: 10px;color: #996600;}
17             p:nth-of-type(2n+1)>a{background-color: #dddddd;}
18        </style>
19   </head>
20   <body>
21        <div>
22        <p><a href="#">女装</a></p>
23        <p><a href="#">男装</a></p>
24        <p><a href="#">家电</a></p>
25        <p><a href="#">手机</a></p>
26        <p><a href="#">图书</a></p>
27        </div>
28   </body>
29   </html>
```

第 17 行代码使用伪类选择器 p:nth-of-type(2n＋1)选择奇数行设置样式，此例运行效果如图 9-6 所示。

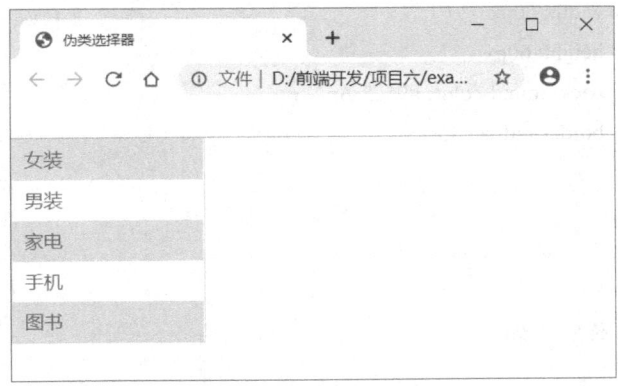

图 9-6　使用伪类选择器效果图

9.4　伪对象选择器

伪对象选择器

伪对象选择器是一种很常用的选择器，常见的伪对象选择器如表 9-3 所示。

表 9-3　伪对象选择器

选 择 器	描　　　述
:first-letter/::first-letter	设置对象内的第一个字符的样式
:first-line/::first-line	设置对象内的第一行的样式
:before/::before	设置在对象前(依据对象树的逻辑结构)发生的内容，用来和 content 属性一起使用
:after/::after	设置在对象后(依据对象树的逻辑结构)发生的内容，用来和 content 属性一起使用
::placeholder	设置对象文字占位符的样式
::selection	设置对象被选择时的样式

伪对象选择器的标准写法中使用的是双冒号，但在实际使用时也支持使用单冒号。

【demo5】伪对象选择器。

```
1    <!DOCTYPE html>
2    <html>
3    <head>
4        <meta charset="utf-8">
5        <title>伪对象选择器</title>
6        <style>
7            p:before{content: url(img/head.jpg);}
8            p:after{
9                content: "";
```

```
10                    display: inline-block;
11                    width: 60px;
12                    height: 60px;
13                    background-color: #95a5a6;
14                    border-radius: 50%;
15                }
16        </style>
17    </head>
18    <body>
19        <p>Hi,你好！</p>
20    </body>
21    </html>
```

第 7 行代码使用了伪对象选择器，在段落之前添加了图像，第 8～15 行代码使用了伪对象选择器，在段落之后添加了一个圆。此例运行效果如图 9-7 所示。

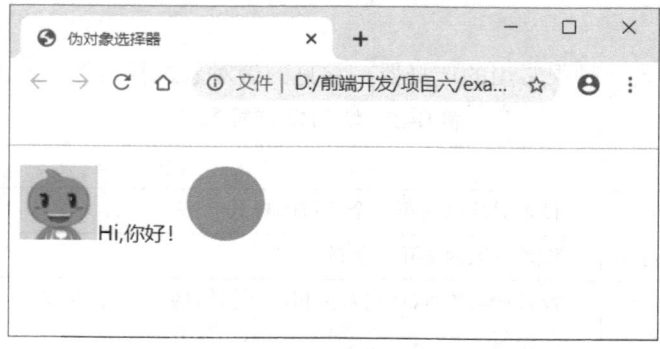

图 9-7　使用伪对象选择器效果图

9.5　案例：制作"电视剧介绍"网页

制作"电视剧
介绍"网页

9.5.1　任务描述

我们经常会看到一些影视网站，里面有剧情介绍、推荐、选集等内容。下面我们制作"电视剧介绍"网页。网页浏览效果如图 9-8 所示。

网页中有剧照、介绍和选集三个模块，分别对应 3 个 div 盒子，三个盒子分别套用了类样式".banner"".introduce"和".select"，它们外面有 1 个父盒子，用来设置网页的宽度和居中对齐，父盒子使用了 id 样式"#content"。

样式中使用了标记选择器(body、h3)、类选择器(.banner)、id 选择器(#content)、后代选择器(.introduce p)、子代选择器(p>span)、伪类选择器(span:first-child)和伪对象选择器(.banner::after)。

图 9-8 "电视剧介绍"网页效果图

9.5.2 实施步骤

下面我们来制作网页。

(1) 打开站点根目录。打开 VS Code，选择并打开 chapter09 文件夹。

(2) 准备图像素材。将本项目图像素材复制到子文件夹"img"中。

(3) 新建网页"index.html"。

(4) 生成网页文件基本代码。

(5) 输入网页标题。在<title>和</title>之间输入"明月传奇"。

(6) 输入网页内容代码，具体代码如下：

```
1   <!DOCTYPE html>
2   <html lang="en">
3   <head>
4       <meta charset="UTF-8">
5       <title>明月传奇</title>
6       <link rel="stylesheet" href="css/style.css">
7   </head>
8   <body>
9     <div id="content">
10     <div class="banner">
11        <img src="img/picture.jpg" alt="剧照">
12     </div>
```

```
13    <div class="introduce">
14        <h3>明月传奇</h3>
15        <p>
16              <span>类型:</span> 电视剧
17              <span>年份:</span> 2021
18              <span>演员:</span> 李桐 于甜甜等
19        </p>
20        <p>
21              <span>简介:</span>秦朝后期,纷争四起,百姓生活苦不堪言,不同的人物背景不
                  同,选择不同,走上了不同人生道路。
22        </p>
23    </div>
24    <div class="select">
25        <h3>选集<span>共 45 集</span></h3>
26        <p>
27            <a href="#">1</a>
28            <a href="#">2</a>
29            <a href="#">3</a>
30            <a href="#">4</a>
31            <a href="#">5</a>
32            <a href="#">6</a>
33            <a href="#">7</a>
34            <a href="#">8</a>
35            <a href="#">9</a>
36            <a href="#">10</a>
37        </p>
38        <p>
39            <a href="#">11</a>
40            <a href="#">12</a>
41            <a href="#">13</a>
42            <a href="#">14</a>
43            <a href="#">15</a>
44            <a href="#">16</a>
45        </p>
46    </div>
47    </div>
48 </body>
49 </html>
```

(6) 在 index.html 文件中</head>标记前面添加链接外部 css 样式的代码<link rel =

"stylesheet" href = "css/style.css">，保存。

(7) 创建 css 样式文件，完成样式设置。

在网站根目录 chapter09 内新建 css 文件夹，并在里面创建 style.css 样式文件，在 style.css 中完成样式设置，代码如下：

```
1   *{
2        padding: 0;
3        margin: 0;
4   }
5   body{
6        color: #666666;
7        font-size: 14px;
8   }
9   #content{
10       width: 700px;
11       margin: 10px auto;
12  }
13  .banner{
14       position: relative;
15  }
16  .banner::after{
17       content: "明月传奇";
18       position:absolute;
19       left: 15%;
20       top:75%;
21       color: #ffffff;
22       font-family: "microsoft yahei"
23       font-size: 46px;
24       font-weight: bolder;
25  }
26  h3{
27       color: #333333;
28       margin: 10px 0;
29  }
30  .introduce p{
31       margin: 10px 0;
32       line-height: 26px;
33  }
34  .introduce p>span{
```

```
35        margin-left: 10px;
36        font-weight: bolder;
37 }
38 .introduce p>span:first-child{
39        margin-left: 0;
40 }
41 .select p a{
42        display: inline-block;
43        width: 50px;
44        height: 30px;
45        margin: 5px;
46        background-color: #eeeeee;
47        text-align: center;
48        line-height: 30px;
49        text-decoration: none;
50        color: #333333;
51 }
52 .select p a:hover{
53        background-color: #ccffff;
54 }
55 .select h3>span{
56        float: right;
57        color: #999999;
58        font-size: 14px;
59        font-weight: normal;
60 }
```

第 16～25 行代码使用了伪选对象择器 ".banner::after"，在内容后面添加了 "明月传奇"，并设置了字体大小、颜色、字体、加粗及绝对定位。

第 34～37 行代码使用的是子代选择器，使每个 span 标签离左侧标签有 10 px 的距离。

第 38～40 行代码使用的是伪类选择器，使父类 p 的第一个 span 子元素离段落的左边外边距为 0。

第 52～54 行代码设置了鼠标的悬浮效果，使背景颜色变为蓝色。

(8) 保存、预览网页。

项 目 小 结

本项目学习了 CSS 高级选择器及其用法，主要包含以下内容：

◆ 属性选择器。

◆ 关系选择器。

◆ 伪类选择器。

◆ 伪对象选择器。

单元测试与项目实践

1. 选择题

(1) CSS 高级选择器有(　　)。

A. 属性选择器

B. 关系选择器

C. 伪类选择器

D. 伪对象选择器

(2) 下列说法错误的是(　　)。

A. E:link选择所有未被访问的链接

B. E:visited 选择所有访问过的链接

C. E:hover 选择鼠标悬停其上的链接

D. E:active 选择未被访问的链接

(3) 属性选择器 attribute = value，功能描述为(　　)。

A. 用于选取带有指定属性及指定属性值的元素

B. 用于选取属性值中包含指定值的元素

C. 用于选取属性值中包含指定值且该值是完整单词的元素

D. 用于选取属性值以指定值开头的元素

(4) 下列是 CSS3 新增伪类的是(　　)。

A. :nth-of-type(n)　　　B. :empty　　　　　C. :root　　　　　D. :not()

(5) 下列属于目标选择器的是(　　)。

A. .:empty　　　　　B. :target　　　　C. :nth-of-type()　　　D. only-child

2. 项目实践

本项目学习了属性、关系、伪类和伪对象选择器，运用本项目所学知识，制作"成果申报网站头部导航"网页，具体浏览效果如图 9-9 所示。要求当前页导航背景为红色背景图像，鼠标指向导航超链接时背景也变为红色背景图像。

图 9-9　"成果申报网站头部导航"网页效果图

项目 10   CSS3 过渡、变形和动画效果

◈ 知识目标

◆ 掌握 CSS3 变形和过渡属性的设置;
◆ 掌握@keyframes 语法规则;
◆ 掌握 animate 动画属性的使用。

◈ 能力目标

◆ 能够根据网页需要使用变形效果;
◆ 能够熟练使用 CSS3 在网页中添加与内容相关的过渡和动画效果。

◈ 思政目标

◆ 通过制作"河南文化旅游网"首页介绍栏目,促进学生对河南的了解,培养学生热爱自己的家乡之情。

◈ 任务描述

在传统的 Web 设计中,当网页中需要显示动画或特效时,一般使用 JavaScript 脚本或者 Flash 来实现。CSS3 提供了对动画的强大支持,可以实现旋转、缩放、移动、过渡和动画等效果。本项目将讲解怎样使用 CSS3 设置变形(transform)、过渡(transition)和动画(animation)效果,制作一个动感十足的文化旅游首页栏目。最后根据学习内容,同学们制作旅游图片展示网页。

10.1   CSS3 变形

CSS3 变形

CSS3 可以为元素设置移动(translate)、旋转(rotate)、缩放(scale)和扭曲(skew)变形效果。

10.1.1   设置变形

CSS3 通过 transform 属性设置变形效果,其基本语法格式如下:

基本语法格式

```
选择器{
    Transform: none | 变形函数;
}
```

默认值：none，表示无变形设置。

CSS3 通过不同的变形函数来设置具体的变形效果，如表 10-1 所示。

表 10-1　变形函数

函数	描述
translate(x[,y])	设置对象的平移：第一个参数对应 X 轴，第二个参数对应 Y 轴。如果第二个参数未提供，则使用默认值 0
translateX(x)	设置对象 X 轴(水平方向)的平移
translateY(y)	设置对象 Y 轴(垂直方向)的平移
rotate(angle)	设置对象的旋转，angle 值为旋转角度
scale(x,y)	设置对象的缩放：第一个参数对应 X 轴，第二个参数对应 Y 轴。如果第二个参数未提供，则默认取第一个参数的值
scaleX(x)	设置对象 X 轴(水平方向)的缩放
scaleY(y)	设置对象 Y 轴(垂直方向)的缩放
skew(angle[,angle])	设置对象扭曲效果：第一个参数对应 X 轴，第二个参数对应 Y 轴。如果第二个参数未提供，则使用默认值 0
skewX(angle)	设置对象 X 轴(水平方向)的扭曲
skewY(angle)	设置对象 Y 轴(垂直方向)的扭曲

【demo1】设置变形效果。

```
1    <!DOCTYPE html>
2    <html lang="ZH-cn">
3    <head>
4        <meta charset="UTF-8">
5        <meta name="viewport" content="width=device-width, initial-scale=1.0">
6        <title>变形效果</title>
7        <style>
8            ul {
9                list-style-type: none;
10               margin-left: 20px;
11           }
12           li {
13               width: 80px;
14               height: 80px;
```

```
15                border: 1px solid #55aaff;
16                margin: 20px;
17                float:left;
18                background-color: #b1b1b1;
19            }
20        .translate {transform: translate(10px, 5px);}
21        .rotate {transform: rotate(30deg);}
22        .scale {transform: scale(0.5,1.5 );}
23        .skew1 {transform: skew(20deg);}
24        .skew2 {transform: skewY(20deg);}
25        .skew3 {transform: skew(20deg, 20deg);}
26    </style>
27  </head>
28  <body>
29    <ul>
30      <li>未变形</li>
31      <li class="translate">位置移动：向右移动 10px, 向下移动 5px</li>
32      <li class="rotate">旋转 30 度</li>
33      <li class="scale">缩放：水平方向为原来的 0.5，垂直方向为 1.5 倍</li>
34      <li class="skew1">水平方向(X 轴)的扭曲 20deg</li>
35      <li class="skew2">垂直方向(Y 轴)的扭曲 20deg</li>
36      <li class="skew3">水平垂直方向(X Y 轴)同时扭曲 20deg</li>
37    </ul>
38  </body>
39  </html>
```

第 20 行代码 ".translate {transform: translate(10 px，5 px);}"定义了类样式 translate，通过 transform 属性设置了 translate 平移效果，x 轴方向向右平移 10 px，Y 轴方向向下平移 5 px。

第 21 行代码 ".rotate {transform: rotate(30deg);}"定义了类样式 rotate，通过 transform 属性设置了 rotate 旋转效果，顺时针方向旋转了 30°。

第 22 行代码 ".scale {transform: scale(0.5, 1.5);}"定义了类样式 scale，通过 transform 属性设置了 scale 缩放效果，水平方向大小为原来的 0.5，垂直方向大小为原来的 1.5 倍。

第 23 行代码 ".skew1 {transform: skew(20deg);}"定义了类样式 skew1，通过 transform 属性设置了 skew 扭曲效果，只有一个参数，该参数是 X 轴方向的扭曲度数。

第 24 行代码 ".skew2 {transform: skewY(20deg);}"定义了类样式 skew2，通过 transform 属性设置了扭曲效果，函数是 skewY，设置 Y 轴方向的扭曲度数。

第 25 行代码 ".skew3 {transform: skew(20deg，20deg);"定义了类样式 skew3，通过 transform 属性设置了 skew 扭曲效果，第一个参数是 X 轴方向的扭曲度数，第二个参数是 Y 轴方向的扭曲度数。

第 31 行代码 "<li class = "translate">位置移动：向右移动 10 px，向下移动 5 px，</li>"

列表项套用类样式 translate，使用了平移效果。

　　第 32 行代码"<li class = "rotate">旋转 30 度</li>"列表项套用类样式 rotate，使用了旋转效果。

　　第 33 行代码"<li class = "scale">缩放：水平方向为原来的 0.5，垂直方向为 1.5 倍</li>"设置列表项套用类样式 scale，使用了缩放效果。

　　第 34～36 行代码的三个 li 依次套用了前面定义的变形类样式 skew1、skew2 和 skew3，列表项使用了扭曲效果。

　　此例浏览效果如图 10-1 所示。

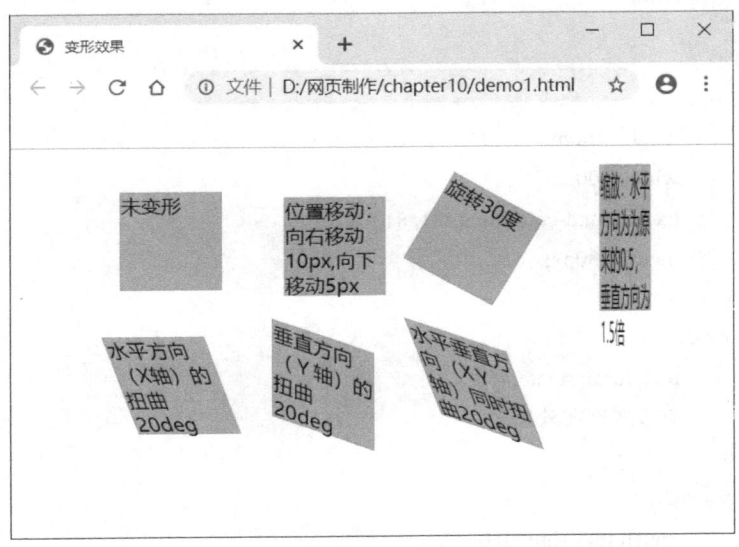

图 10-1　变形效果

10.1.2　更改变形原点

　　观察 demo1 中列表项的旋转效果，会发现正方形四个顶点的位置都发生了变化，只有中心位置不变，这是因为 CSS3 默认以变形原点为对象的中心，如果希望改变变形原点，可以使用 transform-origin 属性。

　　CSS3 通过 transform-origin 属性设置对象的变形原点，其基本语法格式如下：

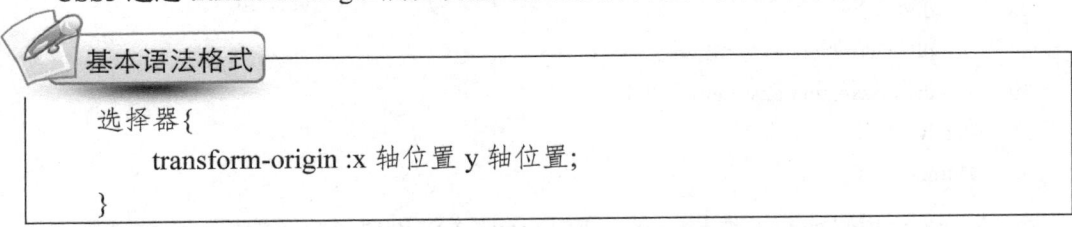

基本语法格式

```
选择器{
    transform-origin :x 轴位置 y 轴位置;
}
```

　　默认的变形原点：50% 50%，效果等同于 center center，即对象的中心。

　　该属性提供两个参数值，第一个用于横坐标，第二个用于纵坐标。如果只提供一个参数，该值将用于横坐标，纵坐标使用默认值 50%。

　　第一个参数可取值百分比、长度值、left、center、right。

第二个参数可取值百分比、长度值、top、center、bottom。

【demo2】修改变换的原点。

```
1    <!DOCTYPE html>
2    <html lang="ZH-cn">
3    <head>
4        <meta charset="UTF-8">
5        <meta name="viewport" content="width=device-width, initial-scale=1.0">
6        <title>>修改变换的原点</title>
7        </title>
8        <style>
9            div {
10                height: 100px;
11                width: 100px;
12                background-color: rgb(221, 81, 231);
13                margin: 30px;
14            }
15            .rotate1 {
16                transform: rotate(45deg);
17                /*设置旋转效果*/
18            }
19            .rotate2 {
20                transform-origin: 0 0;
21                 /*设置变形原点*/
22                -webkit-transform-origin: 0 0;
23                -moz-transform-origin: 0 0;
24            }
25        </style>
26    </head>
27    <body>
28        <div></div>
29        <div class="rotate1"></div>
30        <div class="rotate2 rotate1"></div>
31    </body>
32    </html>
```

第 15～18 行代码定义了类 rotate1，使用 rotate 方法设置了旋转效果，旋转 45°。

第 19～24 行代码定义了类 rotate2，使用 transform-origin 属性修改变形原点位置，X 轴和 Y 轴位置都为 0，图形围绕左上角进行变形。

第一个 div 盒子没有变形效果。

第二个 div 盒子套用了类 rotate1，盒子围绕默认原点(图形中心)旋转。

第三个 div 盒子套用了类 rotate1 和 rotate2，盒子围绕 rotate2 中设置的原点(0，0)旋转。此例运行效果如图 10-2 所示。

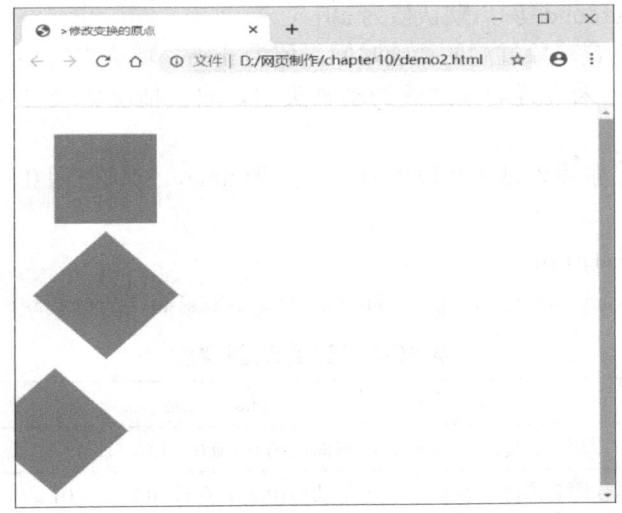

图 10-2　修改变换原点

第 22 行代码和第 23 行代码使用了浏览器前缀。对于一些 CSS3 的新特性，添加浏览器前缀是为了更好地兼容各种浏览器。不同的浏览器内核有不同的前缀，如表 10-2 所示。

表 10-2　浏览器前缀

前　　缀	浏览器内核	举　　例
-webkit-	Webkit(Chrome/Safari)	-webkit-transform-origin
-moz-	Gecko(Firefox)	-moz-transform-origin
-o-	Presto(Opera)	-o-transform-origin
-ms-	Trident(IE)	-ms-transform-origin

10.2　CSS3 过渡

CSS3 过渡

CSS3 的过渡属性能为元素从一种样式转变为另一种样式时添加过渡效果，例如渐显、渐弱、动画快慢等。

CSS3 通过 transition 属性设置过渡效果，其基本语法格式如下：

 基本语法格式

```
选择器{
Transition: [过渡属性] ‖ [过渡时长] ‖ [过渡动画类型] ‖ [延迟时间];
}
```

transform 属性设置过渡效果，使元素(对象)在一定时间内逐渐从一种样式过渡到另一种样式。

过渡属性用来设置对象中的参与过渡的属性，值为 all、none 或者具体属性名(如 width、height、color、background 等)，默认值为 all；

过渡时长用来设置对象过渡的持续时间，值为 time，默认值为 0；

过渡动画类型用来设置对象过渡的动画类型，取值情况如表 10-3 所示，默认值为 ease；

延迟时间用来设置对象延迟过渡的时间，值为 time，默认值为 0。

例如：

transition: border-radius 2s;

transition:border-color .5s ease-in .1s, background-color .5s ease-in .1s, color .5s ease-in .1s;

表 10-3　过渡动画类型

函　数	描　　述
linear	线性过渡，等同于贝塞尔曲线(0.0，0.0，1.0，1.0)
ease	平滑过渡，等同于贝塞尔曲线(0.25，0.1，0.25，1.0)
ease-in	由慢到快，等同于贝塞尔曲线(0.42，0，1.0，1.0)
ease-out	由快到慢，等同于贝塞尔曲线(0，0，0.58，1.0)
ease-in-out	由慢到快再到慢，等同于贝塞尔曲线(0.42，0，0.58，1.0)

【demo3】设置过渡效果

```
1    <!DOCTYPE html>
2    <html>
3    <head>
4         <meta charset="utf-8">
5         <title>设置过渡效果</title>
6         <style>
7             input{
8                 width:200px;
9                 height: 30px;
10                line-height: 30px;
11                border-radius: 8px;
12                border:1.5px solid #31b2e0;
13                outline:none;/*outline 用来设置元素轮廓，轮廓位于边框边缘的外围，input
                       标签默认有轮廓 */
14                transition:all 1s ease-in-out ;/*设置过渡效果*/
15            }
16            input:focus{
```

```
17                   width:300px;
18                   box-shadow: 0 0 5px rgb(176, 232, 102);
19                   }
20          </style>
21      </head>
22      <body>
23          <input type="text" placeholder="请输入用户名">
24      </body>
25  </html>
```

第 7～15 行代码通过 input 标签选择器设置了文本框失去焦点状态下的样式，效果如图 10-3 所示。

第 16～19 行代码通过 input:focus 伪选择器设置了文本框在焦点状态下的样式。width 值变大，边框有阴影效果，效果如图 10-4 所示。

第 14 行代码"transition:all 1s ease-in-out"定义了过渡效果，all 是过渡属性参数，all 指所有变化的属性都可以过渡，1s 是过渡时长参数，在 1s 内文本框长度从 200 px 伸展到 300 px，ease-in-out 是过渡动画类型参数，过渡速度由慢到快再到慢。延迟时间没有定义，默认值为 0，不延迟。

图 10-3   过渡前效果   图 10-4   过渡最终效果

📝提示

过渡效果需要触发一个事件才会改变其 CSS 属性，比如鼠标滑过超链接时超链接背景颜色发生变化，鼠标单击文本框时文本框长度发生变化，即从一种状态过渡到另一种状态，变化的过程比较平缓。

10.3   CSS3 动画

CSS3 动画

使用 CSS3 可以设置关键帧动画。为网页元素添加动画效果需要两个步骤：

(1) 使用@keyframes 规则创建动画。

(2) 使用 animation 属性为元素添加动画。

10.3.1　@keyframes 规则

@keyframes 规则用于创建关键帧动画，其基本语法格式如下：

> **基本语法格式**
>
> @keyframes 动画名称{关键帧选择器{CSS 样式;} }

动画名称：表示当前动画的名称，它将作为引用动画时的唯一标识，不能为空。

关键帧选择器：指定当前关键帧要应用到整个动画过程中的位置，值可以是一个百分比、from 或者 to。其中，from 和 0%效果相同，表示动画的开始；to 和 100%效果相同，表示动画的结束。

CSS 样式：定义执行到当前关键帧时对应的动画状态，由 CSS 样式属性进行定义，多个属性之间用分号分隔，不能为空。

例如：

```
@keyframes opacityAnimation {
    from{opacity:0;}
    to{opacity:1;}
}
```

定义了一个透明度从 0 到 1 变化的动画，动画名称为"opacityAnimation"。

10.3.2　animation 属性

animation 属性用于为元素添加动画，其基本语法格式如下：

> **基本语法格式**
>
> 选择器{
> animation：[动画名称]‖[持续时间]‖[过渡类型]‖[延迟]‖[动画播放次数]‖
> [动画方向]‖[动画样式应用模式]
> }

• 动画名称(animation-name)：用来设置对象所引用的动画名称，默认值为 none，none 指不引用任何动画。

• 持续时间(animation-duration)：用来设置对象动画的持续时间，默认值为 0。

• 过渡类型(animation-timing-function)：用来设置对象动画的过渡类型，默认值为 ease。

• 延迟(animation-delay)：用来设置对象动画开始前的延迟时间，默认值为 0。

• 动画播放次数(animation-iteration-count)：用来设置对象动画的循环次数，取值为数字或 infinite，infinite 指无限循环，默认值为 1。

• 动画方向(animation-direction)：用来设置对象动画在循环中是否反向运动。normal

指正常方向，alternate 指正向与反向交替，默认值为 normal。

- 动画样式应用模式(animation-fill-mode)：用来设置当动画不播放时(动画完成时，或当动画有一个延迟未开始播放时)要应用到元素的样式，默认值为 none。animation-fill-mode 的常用值有四个，如表 10-4 所示。

表 10-4　动画样式应用模式类型

属性值	描　　述
none	默认值，不设置对象动画之外的状态，即在动画执行之前和之后不会应用动画中的任何样式到目标元素
forwards	设置对象状态为动画结束时的状态，即在动画结束后元素将应用动画结束时的属性值
backwards	设置对象动画播放前的状态为动画开始时的状态，即在 animation-delay 定义的延迟期间应用动画的起始关键帧中定义的属性值
both	设置对象状态为动画结束和开始的状态，即在动画结束后元素将应用动画结束时的属性值，在 animation-delay 定义的延迟期间应用动画的起始关键帧中定义的属性值

例如：

```
.box { animation:opacityAnimation 4s linear infinite; }
```

【demo4】动画效果

```
1    <!DOCTYPE html>
2    <html lang="ZH-cn">
3    <head>
4        <meta charset="utf-8">
5        <title>CSS3 动画</title>
6        <style>
7            body {
8                margin: 0;
9                padding: 0;
10               background-color: #f7f7f7;
11           }
12           .box {
13               width: 300px;
14               margin: 10px auto;
15           }
16           .pic {
17               width: 100%;
18               display: block;
19               animation: rotate 4s linear infinite;
20           }
```

```
21                    @keyframes rotate {
22                            0% {
23                                    transform: rotate(0deg);
24                            }
25                            100% {
26                                    transform: rotate(360deg);
27                            }
28                        }
29          </style>
30      </head>
31      <body>
32          <div class="box">
33              <img src="img/flower.png" class="pic">
34          </div>
35      </body>
36  </html>
```

第 16～20 行代码定义了类 pic，里面使用{animation: rotate 4s linear infinite;}定义了类中使用 rotate 动画，动画时长为 4 s，动画类型为 linear，即匀速运动，infinite 指动画播放次数为循环播放。

第 21～28 行代码“@keyframes rotate {...}”定义了关键帧动画，动画名称为 rotate，里面有两个关键帧，起始关键帧用 0%表示，定义旋转角度为 0°，结束关键帧用 100%表示，定义旋转角度为 360°，即旋转一周。

第 33 行代码<img>图像标签套用了类 pic(class="pic")，动画效果将作用该图像。

此例用浏览器浏览将会看到图像循环旋转效果，如图 10-5 和图 10-6 所示。

图 10-5　页面刚打开时效果

图 10-6　图像旋转过程中的效果

📑提示

动画和过渡效果的区别是动画可以使用关键帧设置两个或多个状态，而过渡效果只有两个状态；同时，动画不需要事件触发，过渡效果需要事件触发。

10.4　案例：制作"河南文化旅游网"
首页介绍栏目

制作"河南文化
旅游网"首页介绍栏目

10.4.1　任务描述

河南是中华民族文化的发祥地之一，历史上曾有 20 多个王朝在此建都，洛阳、开封和安阳位于中国七大古都之列。河南具有丰富的文化史迹，文物古迹众多，如龙门石窟、少林寺、老君山等。下面我们制作"河南文化旅游网"首页介绍栏目，网页浏览效果如图 10-7、图 10-8 所示。具体要求如下：

- 网页中标题、左右栏目和"查看更多"链接依次显示。
- 标题先显示，透明度从 0 到 1，内容左右旋转，产生摇动效果。
- 标题出现之后，左侧图像和右侧介绍内容同时出现。左侧图像 margin-left 值从-500 px 到 0，再到 −20 px，最后为 0；右侧介绍动画 margin-right 值从-500 px 到 0，再到-20 px，最后为 0；左右侧动画同时出现，产生碰撞弹回效果。
- 最后出现"查看更多"动画，透明度从 0 到 1。
- 鼠标指向"查看更多"，背景颜色过渡为 #FF8C00。
- 网页中使用了变形、动画和过渡效果。

图 10-7　"河南文化旅游网"介绍栏目完全加载后的效果

图 10-8　"河南文化旅游网"介绍栏目加载过程中的效果

10.4.2　实施步骤

下面我们来制作网页。

(1) 打开站点根目录。打开 VS Code，选择并打开 chapter10 文件夹。

(2) 准备图像素材。将本项目图像素材复制到子文件夹"img"中。

(3) 新建网页"index.html"，生成网页文件基本代码。

(4) 输入网页标题。在<title>和</title>之间输入"河南文化"。

(5) 在<body>标记中输入网页内容代码，代码如下：

```
<html lang="ZH-cn">
<head>
    <meta charset="UTF-8">
    <meta name="viewport" content="width=device-width, initial-scale=1.0">
    <title>河南文化</title>
</head>
<body>
    <div class="introduce">
    <div class="caption">
        <h2>河南文化</h2>
        <hr>
        <p>THE CULTURE OF HENAN</p>
    </div>
    <div class="mission">
        <div class="mission-left">
            <img src="img/longmen.jpg" class="pic1" />
```

```
                    <img src="img/shaolin.jpg" class="pic2" />
                </div>
                <div class="mission-right">
                    <h3>河南介绍</h3>
                    <p>河南是中华民族与华夏文明的发源地。中国四大发明中的指南针、造纸、火药
三大技术均发明于河南。从夏朝至宋朝，河南一直是中国政治、经济、文化和交
通中心，先后有 20 多个朝代建都或迁都河南，中国八大古都中河南有十三朝古都
洛阳、八朝古都开封、七朝古都安阳，以及夏商古都郑州，河南是中国建都朝代
最多、建都历史最长、古都数量最多的省份。河南历史文化厚重，文物古迹众多，
资源丰富，地下文物和馆藏文物数量均为全国第一。
                    </p>
                </div>
                <div class="clear"></div>
            </div>
            <div class="more">
                <span>查看更多</span>
            </div>
        </div>
    </body>
</html>
```

(6) 在 index.html 文件中</head>标记前面添加链接外部 CSS 样式的代码<link rel =
"stylesheet" href = "css/main.css">，保存。

(7) 创建 CSS 样式文件，完成样式设置。

在网站根目录chapter10内新建css文件夹，并在里面创建main.css样式文件，在main.css
中完成样式设置，代码如下：

```
1    * {
2         padding: 0;
3             margin: 0;
4         }
5    .clear{clear: both;}
6    .introduce {
7         margin: 10px auto;
8         padding: 20px;
9         padding-bottom: 10px;
10        width: 1100px;
11        background-color: #f7f7f7;
12   }
13   /* 标题部分样式 */
```

```
14    .caption h2 {
15            margin-bottom: 20px;
16            font-size: 30px;
17            text-align: center;
18    }
19    .caption hr {
20        background-color: #FF8C00;
21        width: 20px;
22        height: 3px;
23        margin: 0 auto;
24        border: none;
25    }
26    .caption p {
27            margin-top: 5px;
28            color: #dddddd;
29            text-align: center;
30    }
31    .caption {animation: show-caption 1s ease;}
32    /* 介绍内容部分样式 */
33    .mission {
34            margin-top: 20px;
35            width: 100%;
36            overflow: hidden;
37    }
38    .mission>* {
39            box-sizing: border-box;
40            width: 45%;
41            margin: 10px 15px;
42    }
43    .mission h3 {
44            color: #FF8C00;
45    }
46    .mission p {
47            line-height: 30px;
48            text-indent: 2em;
49            color: #3F444E;
50    }
51    .mission-left {
52            position: relative;
```

```
53          animation: show-left 1s ease-in 1s both;
54          float: left;
55    }
56    .mission-left .pic1 {
57          width: 86%;
58          margin-left: 70px;
59          transform: skewX(10deg);
60    }
61    .mission-left .pic2 {
62          position: absolute;
63          width: 40%;
64          left: 10px;
65          bottom: -30px;
66          border-radius: 10px;
67          opacity: .8;
68    }
69    .mission-right {
70          float: right;
71          animation: show-right 1s ease-in 1s both;
72    }
73    /* 查看更多按钮样式 */
74    .more {
75          position: relative;
76          height: 50px;
77          animation: show-more 1s ease 2s both;
78    }
79    .more>span {
80          padding: 10px 20px;
81          border: 1px solid #FF8C00;
82          position: absolute;
83          right: 300px;
84          border-radius: 10px;
85          transition: all 1s;
86    }
87    .more>span:hover {background-color: #ecdd99;}
88    .clear {clear: both;}
89    /* 定义标题动画 */
90    @keyframes show-caption {
91      from {
```

```
92              opacity: 0;
93              transform: rotate(0deg);
94          }
95      20% {transform: rotate(-3deg);}
96      80% {transform: rotate(3deg);}
97      to {
98              opacity: 100%;
99              transform: rotate(0deg);
100         }
101     }
102     /* 定义左侧图片动画 */
103     @keyframes show-left {
104             from {margin-left: -500px;}
105             80% {margin-left: 0;}
106             90% {margin-left: -20px;}
107             to {margin-left: 0;}
108     }
109     /* 定义右侧介绍内容动画 */
110     @keyframes show-right {
111             from {margin-right: -500px;}
112             80% {margin-right: 0;}
113             90% {margin-right: -20px;}
114             to {  margin-right: 0;}
115     }
116     /* 定义查看更多动画 */
117     @keyframes show-more {
118             from {opacity: 0;}
119             to {opacity: 100%;}
120     }
```

　　第 56~60 行代码定义了 mission-left .pic1 类。其中，第 57 行代码"width: 86%;"定义了图像的宽为父盒子宽的 86%；第 58 行代码"margin-left: 70 px;"定义了图像位置，左外边距为 70 px；第 59 行代码"transform: skewX(10deg);"定义了图像应用变形效果在 X 轴方向扭曲 10deg。

　　第 61~68 行代码定义了 mission-left .pic2 类。其中，第 62 行代码"position: absolute;"定义了绝对定位，绝对定位会产生元素重叠效果(pic2 浮于 pic1 上方)；第 63 行代码"width: 40%;"定义了图像宽为父盒子宽的 40%；第 64 行代码"left: 10 px;"定义了水平位置，相对于父盒子左侧距离为 10 px；第 65 行代码"bottom: -30 px;"定义了垂直方向位置，距离父盒子下侧距离为-30 px；第 66 行代码"border-radius: 10 px;"定义了圆角边框效果；第 67 行代码"opacity: .8;"定义了透明度为 0.8。

　　第 90～101 行代码定义了标题动画，名称为 show-caption，动画有 4 个关键帧，分别是 from、20%、80%和 to。

　　在 from 关键帧中设置了 opacity(透明度)的参数值为 0，变形函数 rotate(旋转)的参数值为 0；20%关键帧中设置了变形函数 rotate 的参数值为 −3deg；80%关键帧中设置了变形函数 rotate 的值为 3deg；to 关键帧中设置了 opacity 参数值为 100%，变形函数 rotate 的参数值为 0。在 4 个关键帧中旋转角度分别为 0、−3deg、3deg、0，产生摇动效果。

　　第 103～108 行代码定义了左侧图片动画，名称为 show-left。动画有 4 个关键帧，margin-left 属性设置值分别为−500 px、0、−20 px、0，动画效果是内容从左侧向右移动到栏目位置，再向左移动一点，再向右移动回来。

　　第 110～115 行代码定义了右侧介绍内容动画，名称为 show-right。动画有 4 个关键帧，margin-right 属性设置了和左侧对应的效果，属性值分别为 −500px、0、−20px、0，动画效果是内容从右侧向左移动到栏目位置，再向右移动一点，再向左移动回来。

　　第 117～120 行代码定义了查看更多的动画，动画名称为 show-more，有两个关键帧，透明度从 0 到 1。

　　第 31 行代码 ".caption {animation: show-caption 1s ease;}" 在类中设置了动画效果，动画名称为 show-caption，动画持续时间为 1 s，动画效果为 ease。

　　第 51～55 行代码定义了 mission-left 类。其中，第 53 行代码 "{animation: show-left 1s ease-in 1s both;}" 设置了套用动画 show-left，动画持续时间为 1 s，动画过渡类型为 ease-in，动画延迟时间为 1 s，延迟时间正好是标题动画的播放时间，等标题动画播放完成，开始 show-left 动画，动画样式应用模式值 both 设置了元素(<div class = "mission-left"><img src = "img/longmen.jpg" class = "pic1" /><img src = "img/shaolin.jpg" class = "pic2" /></div>)在动画未开始的延迟期间应用动画的起始关键帧中定义的属性值(margin-left: -500px;)，在动画结束后将应用动画结束时的属性值(margin-left: 0;)。

　　第 69～72 行代码定义了 mission-right 类，使用 "{animation: show-right 1s ease-in 1s both;}"，设置了延迟时间长度和左侧一样，右侧介绍文本和左侧图像会同时开始播放。

　　第 74～78 行代码定义了 more 类，使用 "{animation: show-more 1s ease 2s both;}" 定义了浏览器打开或刷新 2 s 后播放 show-more 动画。

　　第 79～86 行代码定义了.more>span 的样式，"transition: all 1s" 语句设置了过渡效果，当鼠标指向 span 便签时，span 由普通状态转换为 hover 状态，背景颜色由无色过渡为橙色，过渡时长为 1 s。

　　第 87 行代码 ".more>span:hover {background-color: #ecdd99;}" 定义了鼠标指向时 span 的背景颜色为橙色。

　　(8) 保存、浏览网页。

项 目 小 结

　　本项目学习了使用 CSS3 在网页中添加动态效果的方法，主要包含以下内容：

◆ 变形属性和变形函数。

◆ 过渡效果。

◆ 动画效果的设置和应用。

单元测试与项目实践

1. **选择题**

(1) 设置对象顺时针方向旋转 30°，下列语句正确的是(　　)。

A. .img{transform:rotate(30deg)}

B. .img{transform:rotate(-30deg)}

C. .img{rotate(30deg)}

D. .img{rotate(-30deg)}

(2) 关于样式 ".scale {transform: scale(0.5);}" 的描述正确的是(　　)。

A. 该类设置元素宽度为原来宽的一半，高不变

B. 该类设置元素宽不变，高度为原来宽的一半

C. 该类设置元素宽度和高度都为原来宽的一半

D. 以上都不对

(3) 关于 animate 属性，下列说法错误的是(　　)。

A. 可以设置动画延迟播放

B. 动画名称由@keyframes 定义

C. 动画不能无限循环播放

D. 可以设置动画无限循环播放

(4) 下面选项可以设置匀速过渡效果的是(　　)。

A. ease　　　　　　　　　　B. inear

C. ease-out　　　　　　　　D. ease-in

(5) 关于关键帧动画，下列说法错误的是(　　)。

A. @keyframes 规则用于创建关键帧动画

B 动画名称可以为空

C. 关键帧的值可以是一个百分比、from 或者 to

D. CSS 样式定义执行到当前关键帧时对应的动画状态

2. **项目实践**

本项目学习了 CSS3 过渡、变形和动画效果，制作了"河南文化旅游网"首页栏目。下面我们通过制作一个旅游图片展示网页，巩固使用 CSS3 过渡、变形和动画效果的方法。网页浏览效果如图 10-9 所示，里面图形使用了变形、过渡和动画效果，要求如下：

· 图像水平方向扭曲，扭曲角度为 15deg 和-15deg；

· 单数图像设置黑色边框线和圆角边框效果，双数图像设置白色边框线和扭曲变形

效果；

- 页面刷新时，使用动画效果，各行图像依次出现(透明度由 0 到 1)；
- 当鼠标指向图形时，图形旋转角度为 0(图形摆正)，并且大小是原来的 1.2 倍。

图 10-9　旅游图片展示网页

项目 11　综 合 实 例

- ◆ 了解网页的整体结构；
- ◆ 了解分析、规划、设计、制作网页的流程；
- ◆ 掌握 HTML5 基本元素的使用；
- ◆ 掌握文字字体样式、基本选择器、盒子模型、浮动、定位的使用；
- ◆ 掌握表单、高级选择器、过渡、变形及动画的使用。

- ◆ 能够根据项目需求分析、设计网页界面，利用所学知识实现网页效果。

- ◆ 培养学生对网页、网站概念的认识，培养学生的沟通能力和团队协作精神；
- ◆ 通过制作"河南特色文化旅游"网页，让学生了解河南非物质文化遗产、地方戏曲、名胜古迹等，增强学生对河南悠久历史、厚重文化的认知，在提升中国文化软实力和中华文化影响力、增强文化自信自强、建设中华民族现代文明中担当重任。

在前面的项目中我们详细讲解了如何使用 HTML5 和 CSS3 制作网页，本项目将通过制作"河南特色文化旅游"网页，以一个完整的网页为例，巩固前面所学内容。

11.1　案 例 分 析

河南是中国古都数量最多最密集的地区，孕育了洛阳、开封、安阳、郑州、商丘、南阳、濮阳、许昌等中华古都。河南省是全国重要的农业大省、粮食生产大省，小麦产量居全国第一。河南交通区位优势明显，是全国承东启西、连南贯北的重要交通枢纽。下面我们制作"河南特色文化旅游"网页，网页浏览效果如图 11-1 所示。

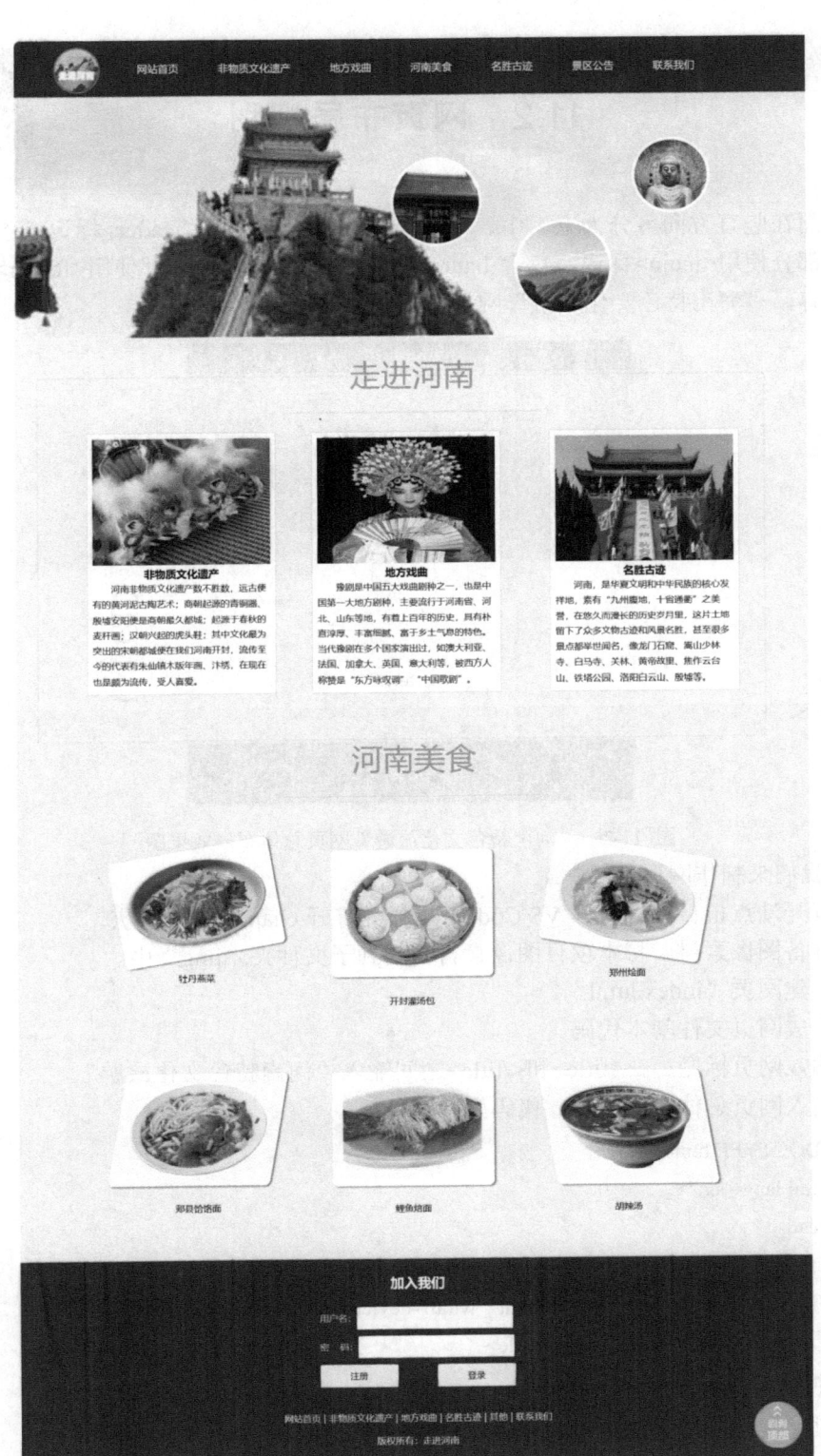

图 11-1　"河南特色文化旅游"网页效果图

11.2　网页布局规划

网页布局规划

此页面在竖直方向可分为上、中、下三个部分，上部使用<header>标记，包含导航内容，中间部分使用<main>标记，包含 banner 和两个主要栏目，下部使用<footer>标记，包含版权内容。"河南特色文化旅游"网页总体布局如图 11-2 所示。

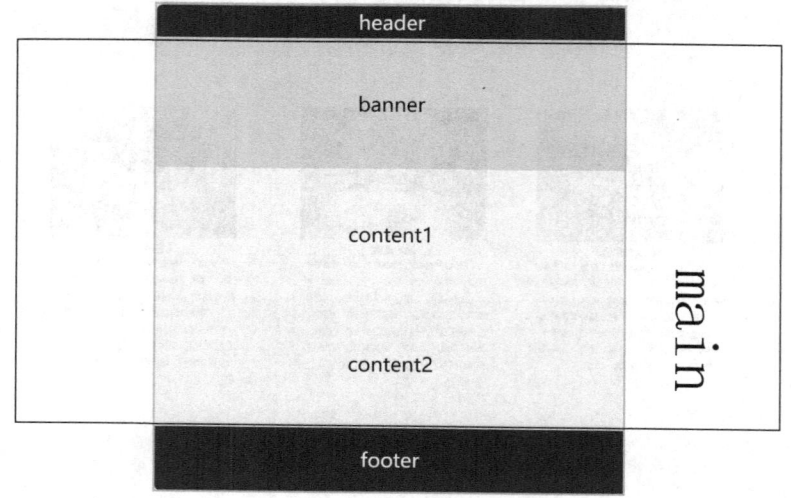

图 11-2　"河南特色文化旅游"网页总体布局效果图

下面我们来制作网页。

(1) 打开站点根目录。打开 VS Code，选择并打开 chapter11 文件夹。

(2) 准备图像素材。将本项目图像素材复制到子文件夹"img"中。

(3) 新建网页"index.html"。

(4) 生成网页文件基本代码。

(5) 输入网页标题。在<title>和</title>之间输入"河南特色文化旅游"。

(6) 输入网页总体布局代码，代码如下：

```
1   <!DOCTYPE html>
2   <html lang="en">
3   <head>
4       <meta charset="UTF-8">
5       <meta name="viewport" content="width=device-width, initial-scale=1.0">
6       <title>河南特色文化旅游</title>
7   </head>
8   <body>
9   <!-- 头部部分 header 开始  -->
10      <header>
```

```
11                  header
12          </header>
13          <!-- header 结束 -->
14          <!-- 内容部分 main 开始 -->
15          <main>
16              <div id="banner">
17                      banner
18              </div>
19              <div id="content1">
20                      content1
21              </div>
22              <div id=" content2">
23                      content2
24              </div>
25          </main>
26          <!-- 内容部分 main 结束 -->
27          <!-- 底部部分 footer 开始 -->
28          <footer>
29                  footer
30          </footer>
31          <!-- 底部部分 footer 结束 -->
32      </body>
33  </html>
```

第 10～12 行代码表示头部内容的范围。

第 15～25 行代码表示内容栏目的范围：其中，第 16～18 行代码表示 banner 图部分、第 19～21 行代码表示主要栏目"走进河南"部分、第 22～24 行代码表示主要栏目"河南美食"部分。

第 28～30 行代码表示底部内容的范围。

11.3   制作头部内容网页

1. 完成头部内容布局

制作头部内容网页

在<header>标记中输入头部内容布局代码，包含图片 logo 和导航栏，使用无序列表标记<ul>、<li>组合实现，代码如下：

```
1   <header>
2       <ul id="nav">
3           <li class="logo"><img src="img/logo.png" alt=""></li>
4           <li><a href="index.html" class="active">网站首页</a></li>
```

```
5          <li><a href="#">非物质文化遗产</a></li>
6          <li><a href="#">地方戏曲</a></li>
7          <li><a href="#">河南美食</a></li>
8          <li><a href="#">名胜古迹</a></li>
9          <li><a href="#">景区公告</a></li>
10         <li id="top"><a href="#">联系我们</a></li>
11     </ul>
12 </header>
```

2. 设置页面的通用基础样式

在网站根目录 chapter11 内新建 css 文件夹，并在里面创建 style.css 样式文件，在 style.css 中写入页面的通用基础样式，代码如下：

```
1  *{
2          padding: 0;
3          margin: 0;
4          box-sizing: border-box;
5          list-style: none;
6  }
7  body {
8          font-size: 14px;
9          font-family: "微软雅黑";
10  }
11  a {
12         color: #fff;
13         text-decoration: none;
14 }
15 a:hover {text-decoration: none;}
16 .clearfix::after{
17         content: ".";
18         display: block;
19         clear: both;
20         height: 0;
21         visibility: hidden;
22 }
```

第 1～6 行代码设置页面中所有标记内外边距为 0，盒子模型大小自动内减，列表默认符号为 none。

第 7～10 行代码设置页面通用字体大小为 14 px，字体为"微软雅黑"。

第 11～15 行代码去掉超链接默认的下画线。

第 16～22 行代码定义了 clearfix 类，使用伪元素来清除导航栏浮动带来的影响。

3. 完成头部 header 部分样式

在 style.css 文件中添加头部样式，包括图片 logo 和导航部分样式，代码如下：

```
1  header{
2      width: 100%;
3      background-color: #333;
4  }
5  header #nav {
6      margin: 0 auto;
7      height: 90px;
8      line-height: 90px;
9      width: 1100px;
10      position: relative;
11      padding-left: 100px;
12 }
13 header #nav li { float: left; }
14 header #nav li a {
15      display: block;
16      margin: 20px 0;
17      padding: 10px 30px;
18      height: 50px;
19      line-height: 30px;
20      color: fff;
21      font-size: 16px;
22      border-radius: 10px;
23 }
24 header #nav li a.active { background-color: #0f8f3c;}
25 header #nav li a:hover { background-color: #0f8f3c; }
26 header #nav li.logo {
27      left: 0;
28      top: 10px;
29      position: absolute;
30 }
31 header #nav li.logo img { height: 80px; }
```

第 1～4 行代码设置 header 部分宽度、背景颜色为#333。

第 5～12 行代码设置导航栏部分宽度、高度、居中以及内边距。

第 13 行代码将默认垂直布局的块元素的标记<li>，通过左浮动把布局改为水平布局。

第 14～23 行代码设置导航栏中链接文字的内外边距、行高、字体大小、圆角边框等样式。

第 24～25 行代码设置链接的活动样式。

第 26～30 行代码设置图片 logo 绝对定位：距离左边 0 px，距离上边 10 px。

11.4　制作内容栏目网页

通过对网页中间部分内容栏目的分析，可看到内容栏目包含三部分：banner 图、主题内容"走进河南"和主题内容"河南美食"部分。

11.4.1　制作 banner 图部分网页

1. 完成 banner 布局

在<main>标记中 id 名为 banner 的<div>元素插入三幅河南标志图像，代码如下：

制作 banner 图部分网页

```
1   <main>
2       <div id="banner">
3           <img src="img/pic1.jpg" alt="" class="biaozhi img1">
4           <img src="img/pic2.jpg" alt="" class="biaozhi img2">
5           <img src="img/pic3.jpg" alt="" class="biaozhi img3">
6       </div>
7   </main>
```

2. 完成 banner 样式

在 style.css 文件中添加 banner 样式。

```
1   main #banner {
2       width: 100%;
3       height: 380px;
4       overflow: hidden;
5       background: url(../img/banner.jpeg);
6       background-size: cover;
7       position: relative;
8   }
9   main #banner .biaozhi {
10      border-radius: 50%;
11      border: 5px solid #fff;
12      overflow: hidden;
13      position: absolute;
14  }
15  main .img1 {
```

```
16        top: 200px;
17        right: 300px;
18        height: 150px;
19        width: 150px;
20 }
21 main .img2 {
22        top: 70px;
23        right: 150px;
24        height: 120px;
25        width: 120px;
26 }
27 main .img3 {
28        top: 100px;
29        right: 500px;
30        height: 140px;
31        width: 140px;
32 }
```

第 1～8 行代码设置了 banner 部分的高、宽和背景图，背景图片大小呈现方式为 cover，超出部分设置了隐藏，而且为三张悬浮小图做准备，设置了相对定位。

第 9～14 行代码设置三张悬浮小图的样式，其中设置边框为 5 px，形状为圆角，超出部分设置了隐藏，定位设置为绝对定位。

第 15～32 行代码分别给三张悬浮小图设置图片大小及绝对定位的位置。

11.4.2　制作主题内容"走进河南"网页

1. 完成主题内容"走进河南"布局

制作主题内容
"走进河南"网页

在<main>标记中 id 名为 content1 的<div>元素中输入主题内容"走进河南"的布局代码，包含标题"走进河南"、水平分割线及使用列表实现的非物质文化遗产、地方戏曲、名胜古迹三小部分，代码如下：

```
1   <main>
2       <div id="content1">
3           <h2>走进河南</h2>
4           <hr />
5           <ul class="row">
6               <li class="leftIn">
7                   <a href="#">
8                       <img src="img/culture01.jpg" alt="" height="200px" title="">
9                   </a>
10                  <h3>非物质文化遗产</h3>
```

11	`<p>`河南非物质文化遗产数不胜数，远古便有的黄河泥古陶艺术；商朝起源的青铜器、殷墟安阳便是商朝最久都城；起源于春秋的麦秆画；汉朝兴起的虎头鞋；其中文化最为突出的宋朝都城便在我们河南开封，流传至今的代表有朱仙镇木版年画、汴绣，在现在也是颇为流传，受人喜爱。`</p>`
12	`</li>`
13	`<li class="centerIn">`
14	`<a href="#">`
15	`<img src="img/opera01.jpg"　alt="" height="200px" title="">`
16	`</a>`
17	`<h3>`地方戏曲`</h3>`
18	`<p>`豫剧是中国五大戏曲剧种之一，也是中国第一大地方剧种，主要流行于河南省、河北、山东等地，有着上百年的历史，具有朴直淳厚、丰富细腻、富于乡土气息的特色。当代豫剧在多个国家演出过，如澳大利亚、法国、加拿大、英国、意大利、德国、美国等，被西方人称赞是"东方咏叹调""中国歌剧"。`</p>`
19	`</li>`
20	`<li class="rightIn">`
21	`<a href="#">`
22	`<img src="img/place01.jpg"　alt="" height="200px" title="">`
23	`</a>`
24	`<h3>`名胜古迹`</h3>`
25	`<p>`河南，是华夏文明和中华民族的核心发祥地，素有"九州腹地，十省通衢"之美誉，在悠久而漫长的历史岁月里，这片土地留下了众多文物古迹和风景名胜，甚至很多景点都举世闻名。像龙门石窟、嵩山少林寺、白马寺、关林、黄帝故里、焦作云台山、铁塔公园、洛阳白云山、殷墟、翰园碑林等。`</p>`
26	`</li>`
27	`</ul>`
28	`</div>`
29	`</main>`

第5～27行代码中设置的是非物质文化遗产、地方戏曲、名胜古迹三部分，涉及每部分都是由一张链接图片、一个`<h3>`标题和一段文本`<p>`实现的。

第6～12行代码设置的是第一部分非物质文化遗产的内容。

第13～19行代码设置的是第二部分地方戏曲的内容。

第20～26行代码设置的是第三部分名胜古迹的内容。

2. 完成主题内容"走进河南"样式

在style.css文件中添加主题内容"走进河南"样式，代码如下：

1	main {

```
2        background-color: #f2f2f2;
3        overflow: hidden;
4    }
5    main # content1 p {
6        text-indent: 2em;
7        line-height: 25px;
8    }
9    main # content1 h3{text-align:center;}
10   main # content1 h2 {
11       height: 120px;
12       line-height: 120px;
13       color: #a2a2a2;
14       font-size: 48px;
15       font-weight: normal;
16       text-align: center;
17   }
18   main # content1 hr{
19       width: 400px;
20       margin: 0 auto 30px;
21       height: 1px;
22       border: 0;
23       background-color: #a2a2a2;
24       opacity: .3;
25   }
26   main # content1 .row {
27       width: 1000px;
28       margin: 20px auto;
29       position: relative;
30       overflow: hidden;
31       height: 420px;
32   }
33   main # content1 .row li {
34       position: absolute;
35       width: 290px;
36       background-color: #ffffff;
37       border: 1px solid #d1d1d1;
38       padding:8px;
39   }
40   main # content1 .row li img { width: 100%; }
```

```
41 @keyframes leftIn {
42     0% {
43         left: -500px
44     }
45     100% {
46         left: 0;
47     }
48 }
49 @keyframes rightIn {
50     0% {
51         right: -500px
52     }
53     100% {
54         right: 0;
55     }
56 }
57 @keyframes fadeIn {
58     0% {
59         opacity: 0;
60     }
61     100% {
62         opacity: 1;
63     }
64 }
65 .leftIn {
66     animation: leftIn 1s;
67     animation-fill-mode: both;
68 }
69 .rightIn {
70     animation: rightIn 1s;
71     animation-fill-mode: both;
72 }
73 .centerIn {
74     left: 345px;
75     animation: fadeIn 3s;
76     animation-fill-mode: both;
77 }
```

第 1～25 行代码设置主题内容"走进河南"部分的背景颜色、段落 p、标题 h2、h3、水平分割线 hr 的样式。

第 26～32 行代码设置类名为 row 的盒子的整体样式。

第 33～40 行代码设置主题内容"走进河南"部分的非物质文化遗产、地方戏曲、名胜古迹三部分的图片、文字样式。

第 41～77 行代码设置主题内容"走进河南"里的三部分的动画：左边非物质文化遗产部分从左边-500 px 切到 0 px，中间地方戏曲部分透明度从 0 到 1，右边名胜古迹部分从右端-500 px 切到 0 px。

11.4.3   制作主题内容"河南美食"部分网页

制作主题内容
"河南美食"布局

1. 完成主题内容"河南美食"布局

在<main>标记中 id 名为 content2 的<div>元素中输入主题内容"河南美食"的布局代码，包含标题"河南文化"、水平分割线及使用列表实现排列的六部分河南特色美食，代码如下：

```
1    <main>
2        <div id=" content2">
3            <h2>河南美食</h2>
4            <hr />
5            <ul class="row">
6                <li>
7                    <img src="img/牡丹燕菜.png" alt="" class="transform1 shadow">
8                    <p>牡丹燕菜</p>
9                </li>
10               <li>
11                   <img src="img/开封灌汤包.png" alt="" class="transform2 shadow">
12                   <p>开封灌汤包</p>
13               </li>
14               <li>
15                   <img src="img/郑州烩面.png" alt="" class="transform4 shadow">
16                   <p>郑州烩面</p>
17               </li>
18           </ul>
19           <ul class="row">
20               <li>
21                   <img src="img/郏县饸饹面.png" alt="" class="transform5 shadow">
22                   <p>郏县饸饹面</p>
23               </li>
24               <li>
25                   <img src="img/鲤鱼焙面 png" alt="" class="transform2 shadow">
26                   <p>鲤鱼焙面</p>
```

```
27                </li>
28                <li>
29                    <img src="img/胡辣汤.png" alt="" class="transform3 shadow">
30                    <p>胡辣汤</p>
31                </li>
32            </ul>
33        </div>
34 </main>
```

第 5～32 行代码设置的是六部分河南特色美食，前三部分由一个列表实现，后三部分用另外一个列表实现，涉及的每部分都是由一张链接图片和一段文本<p>实现的。

第 6～9 行代码设置的是第一部分牡丹燕菜。

第 10～13 行代码设置的是第二部分开封灌汤包。

第 14～17 行代码设置的是第三部分郑州烩面。

第 20～23 行代码设置的是第四部分郏县饸饹面。

第 24～27 行代码设置的是第五部分鲤鱼焙面。

第 28～31 行代码设置的是第六部分胡辣汤。

2. 完成主题内容"河南美食"样式

在 style.css 文件中添加主题内容"河南美食"样式，代码如下：

```
1  # content2 {
2      background-color: #dff2e6;
3      padding: 20px 0;
4      overflow: hidden;
5  }
6  # content2 h2 {
7      height: 120px;
8      line-height: 120px;
9      color: #a2a2a2;
10     font-size: 48px;
11     font-weight: normal;
12     text-align: center;
13 }
14 # content2 hr {
15     width: 400px;
16     margin: 0 auto 30px;
17     height: 1px;
18     border: 0;
19     background-color: #a2a2a2;
20     opacity: .3;
```

```
21 }
22 # content2 .row {
23     width: 1000px;
24     margin: 20px auto;
25     position: relative;
26     overflow: hidden;
27 }
28 # content2 .row li {
29     float: left;
30     width: 310px;
31     margin: 30px 10px;
32 }
33 # content2 .row li img {
34     width: 100%;
35     border-radius: 10px;
36 }
37 # content2 .row li img:hover {transform: rotate(0deg) scale(1) skew(0);}
38 # content2 .row li p {text-align: center;}
39 # content2 .transform1 {transform: rotate(-10deg) scale(.8);}
40 # content2 .transform2 {transform: scale(.8);}
41 # content2 .transform3 {transform: skewX(10deg) scale(.8);}
42 # content2 .transform4 {transform: rotate(10deg) scale(.8);}
43 # content2 .transform5 {transform: skewX(-10deg) scale(.8);}
44 # content2 .shadow {box-shadow: 3px 2px 3px rgba(0, 0, 0, .5);}
```

第 1～21 行代码设置主题内容"河南美食"部分背景颜色、标题 h2、水平分割线 hr 的样式。

第 22～27 行代码设置类名为 row 的盒子的整体样式。

第 28～36 行代码设置主题内容"河南美食"里 6 张图片、文字样式。

第 37 行代码设置鼠标悬停在图片时从 0.8 放大到 1。

第 38 行代码设置图片下文字居中。

第 39～44 行代码设置 6 张图片的转换样式：所有图片都缩小为原来的 0.8 倍，第一张图片逆时针旋转 10°，第三张顺时针旋转 10°、第四张图片顺时针倾斜 10°，最后一张图片逆时针倾斜 10°。

11.5 制作底部内容网页

制作底部内容网页

1. 完成底部内容布局

在<footer>标记中 id 名为 login 的<div>元素中输入底部布局代码：包含注册登录表单

和版权栏，代码如下：

```
1   <footer>
2       <div id="login">
3           <h2>加入我们</h2>
4           <ul class="form">
5               <form action="">
6                   <li>
7                       用户名：<input type="text">
8                   </li>
9                   <li>
10                      密   码：<input type="password">
11                  </li>
12                  <li class="button clearfix">
13                      <input type="submit" value="登录" class="login">
14                      <input type="button" value="注册" class="regiter">
15                  </li>
16              </form>
17          </ul>
18      </div>
19      <div>
20          <hr/>
21          <p>
22              <a href="index.html">网站首页</a> |
23              <a href="template/historic.html">非物质文化遗产</a> |
24              <a href="template/beautiful.html">地方戏曲</a> |
25              <a href="template/tourism.html">名胜古迹</a> |
26              <a href="template/delicacy.html">其他</a> |
27              <a href="template/connection.html">联系我们</a>
28          </p>
29          <p>版权所有：走进河南</p>
30          <a href="#top"><img src="img/top.png" alt="" class="totop"></a>
31      </div>
32  </footer>
```

第 2～18 行代码用列表设置登录注册表单，包含文本框、密码框、登录注册按钮。

第 19～31 行代码设置的是版权栏，包含水平分割线、超链接、段落。

2. 完成底部内容样式

在 style.css 文件中添加底部内容样式，代码如下：

```
1   footer {
```

```
2          padding: 20px 0;
3      }
4      footer h2,
5      footer p {
6          text-align: center;
7          line-height: 36px;
8          color: #ffffff;
9      }
10     footer hr {
11         width: 400px;
12         margin: 0 auto 30px;
13         height: 1px;
14         border: 0;
15         background-color: #a2a2a2;
16         opacity: .3;
17     }
18     footer .form {
19         width: 300px;
20         margin: 20px auto;
21         color: #e2e2e2;
22     }
23     footer .form li {
24         margin: 10px 0;
25         width:300px;
26     }
27     footer .form input{
28         width: 240px;
29         height: 36px;
30     }
31     footer .form .login{float: right;}
32     footer .form .regiter{float: left;}
33     footer .form input[type='button']{
34         width: 40%;
35         height: 36px;
36     }
37     footer .form input[type='submit']{
38         width: 40%;
39         height: 36px;
40     }
```

```
41    footer .form a{
42        width: 100%;
43        height: 36px;
44        line-height: 36px;
45        display: block;
46        background-color: #ffff;
47        text-align: center;
48        color: #333;
49    }
50    .totop {
51        position: fixed;
52        bottom: 20px;
53        right: 20px;
54    }
```

第 1～17 行代码设置底部内容背景颜色、标题 h2、水平分割线 hr 的样式。

第 18～30 行代码设置表单中用户名、密码的样式。

第 31～40 行代码设置表单中注册、登录的样式,其中注册按钮设置左浮动,登录按钮设置右浮动。

第 41～49 行代码设置版权栏超链接的样式。

第 50～54 行代码设置回到顶部按钮的样式。

项 目 小 结

本项目使用了前面项目中所学到的 HTML5 标记及 CSS3 样式布局,制作了一个以"河南特色文化旅游"为主题的综合网页。

参 考 文 献

[1]　郭长庚，王淑敏. 网页设计与制作. 北京：中国电力出版社，2007.

[2]　工业和信息化部教育与考试中心. Web 前端开发. 北京：电子工业出版社，2019.

[3]　黑马程序员. HTML5 + CSS3 网页设计与制作. 北京：人民邮电出版社，2020.